DOJIN SENSHO

98

ヒトとカラスの知恵比べ

生理・生態から考えたカラス対策マニュアル

塚原直樹 著

カラスの種類

著者が実際に見たものから。

口絵①　ハシブトガラス

口絵②　ハシボソガラス

口絵③　ミヤマガラス

口絵④　コクマルガラス

口絵⑤　オサハシブトガラス

口絵⑥　イエガラス

カラスの視覚

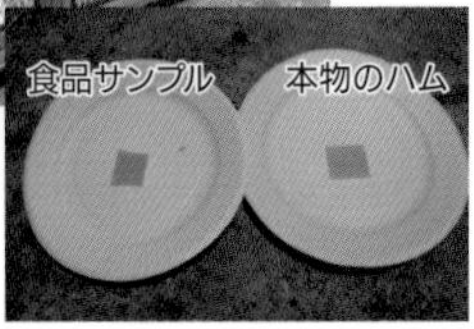

口絵⑦　本物のハムと食品サンプルを選ばせる実験

口絵⑧　紫外線を吸収するゴミ袋

カラスをだませる?

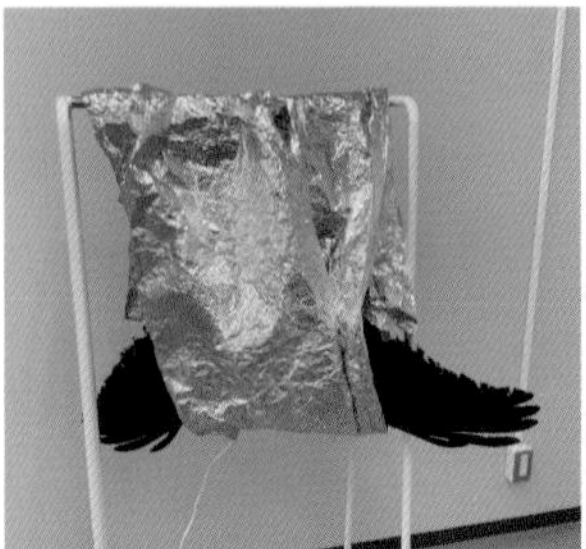

口絵⑨　パタパタロボ（仮）1号機

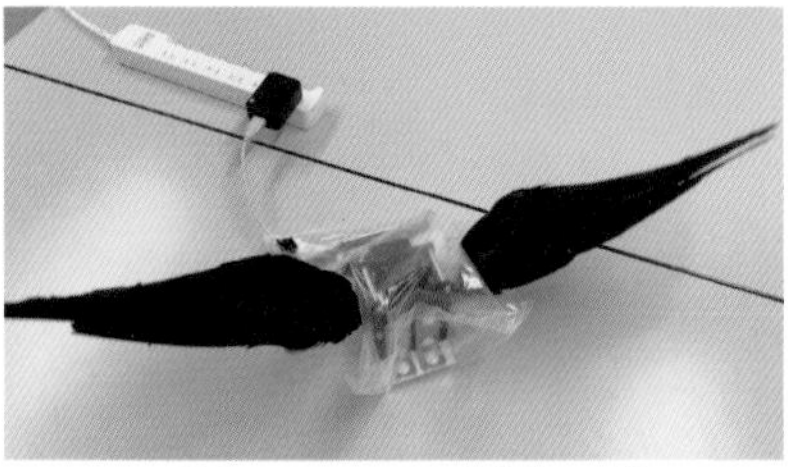

口絵⑩　パタパタロボ（仮）2号機

口絵⑪　剥製ロボ

口絵⑫　剥製翼の固定翼機
提供：末田 航

まえがき

最初に断わっておくと、これさえやれば半永久的に被害を防げるといった〝魔法のようなカラス対策〟などない。と言うと、この本を手に取っていただいた方をガッカリさせてしまっただろうか。だが、残念ながらこれは事実だ。だからといって、カラスに白旗を上げろと言っているわけではない。私が言いたいのは、ポンと置いただけでカラスはもう来ない、というような簡単な対策はないということだ。そして、多くの被害現場では、正しく対策すれば、被害はかなり軽減できる。

だが、巷に流れる噂の中には、デマも多い。販売されているさまざまな対策製品の多くは、お馴染みのCDを吊るす対策とほぼ変わらない効果である。CDを吊るす対策に効果がないと言っているわけではない。CDでも、正しい使い方をすれば、効果はそれなりに期待できる。これについては第2章で紹介した。ここで言いたいのは、対策製品の多くは、CDを吊るす効果よりも劇的な効果が期待できるとは考えにくいという話だ。要するに〝魔法のようなカラス対策〟など存在しない。

しかし、本書は魔法を授けることはできないが、適切なカラス対策を選ぶうえで役立つ一冊にはなるはずだ。私はこれまで国立大学で二〇年以上カラス研究を行なってきた。また、カラス対策専門の会社を起業し、被害現場で六年以上、本気でカラス対策を実施してきた。それらのカラス研究の知見と被害現場での経験をもとに、これさえ読めば、意味のあるカラス対策を実践できるマニュアル本をつくったつもりだ。

第1章では、さまざまなカラス被害について、なぜそれが発生するのか、カラスの気持ちになって考えた。被害が発生する要因を考えることは対策の基本だ。その要因を取り除くのが難しい場合でも、重点的に対策すべき箇所は見えてくる。

第2章では、カラスの生理・生態について科学的根拠をもとに紹介した。また、それらの知見から、巷で行なわれているさまざまなカラス対策が、なぜ効果があって、なぜその効果が持続しないかを解説した。

第3章では、被害現場別に具体的な対策方法を紹介した。本書で取り上げた現場は一部であるが、それらを読めば、本書に登場しない現場においても、適切な対策は見えてくるはずだ。

第4章では、私が行なっているカラスの行動をコントロールする研究について紹介した。私が長年続けるカラスの音声コミュニケーションの研究に加え、それを応用したカラスの行動をコントロールする方法を紹介するとともに、最新の研究状況と将来の展望を記した。

第5章では、カラスとの共存をテーマとした。ヒトにとって身近な野生動物であるカラスとの摩擦を減らすにはどうしたらよいか、また、共存に向けてどのようなことをすればよいかを考えてみた。

本書を読めば、なぜ被害が発生してしまうのかは見えるだろう。そして、その被害を軽減するためにすべきことがわかるだろうし、何をどのように努力すればよいかもわかるはずだ。一方で、対策の限界も見えてくるだろう。少なくとも、次から次へと手当たり次第に対策を試し、無駄な時間と労力をかけなくて済むような知識は得られるはずだ。本書がカラスに悩む方のお力に少しでもなれれば、このうえない喜びである。

ヒトとカラスの知恵比べ ◉ 目次

まえがき　1

第1章　多種多様なカラス被害
～カラスの気持ちになって考える～……11
ゴミを荒らす　農作物を食い荒らす
畜舎に侵入する　電柱に営巣する
ヒトを襲う　動物を襲う
ゴルフボールを持ち去る　太陽光パネルを破壊する・糞を落とす
自動車に糞を落とす・ワイパーを持ち去る
ビル屋上の断熱材やコーキング・重機のシートを突く
うるさく鳴く　電線に集団で止まる
コラム1　カラスの一日　38

第2章　そのカラス対策は間違っている……かも
～カラスが本能的に嫌がるものなんてない？～……41
何でも最初は効果がある！　それは「カカシ効果」
CDはカラスの警戒心を煽る？　カラスは紫外線が嫌い？
カラスは黄色が嫌い？　嫌いな臭いでカラスを追い払う？

カラスはカプサイシンが嫌い？　カラスは超音波が嫌い？
カラスは磁石が嫌い？　カラスはタカが嫌い？
カラスはヒトの視線が嫌い？　カラスは死体を恐れる？
カラスは銃が嫌い？

コラム2　カラスの四季　66

第3章　カラス被害はこう防げ……69

一　「カカシ効果」をうまく使おう　70
対策グッズは何でもよい　「汎化」に注意
状況によっては持続しない「カカシ効果」

二　ゴミ荒らし防止マニュアル　79
ネットの上手な使い方　荒らされたゴミを放置しない
ゴミ袋の下部を守る　ゴミ収集庫でも要注意
ゴミの中身を見せない　やはりゴミの出し方が肝心

三　農作物被害を防ぐには　93
カラスの侵入をどう防ぐ？　農地でのカカシ効果の使い方
地域ぐるみでの対策　廃棄農作物を管理する

四　畜産現場での被害防止　105

畜舎への侵入を防ぐ　侵入以外にも気をつけたいポイント
保管してある飼料も要注意
五　日常起こりうるカラス被害への対処　112
営巣されたあとの対処　子育て中のカラスの威嚇行動から身を守る
自動車へのイタズラを防ぐ
六　自治体の担当者向けカラス被害対策マニュアル　118
被害のみえる化　季節で異なる対処方法
一年を通じて求められる対策　ヒトの意識を変える
コラム3　カラスの一生〜カラスの寿命は？〜　131
第4章　カラスの行動をコントロールする研究と対策の最前線……135
一　カラスの音声コミュニケーション　136
カラスにはどんな種があるか　カラスはどんな鳴き声を出す？
カラスのコンタクトコール　カラスが警戒する鳴き声
ハシブトガラスのさまざまな鳴き声　種による鳴き声の違い
種を超えたコミュニケーションの可能性
二　音声コミュニケーションを利用したカラス対策　154
ゴミ集積所での被害対策製品「CrowController」　CrowControllerの限界

なぜ長期の効果があったのか　CrowLab音声ライセンス「だまくらカラス」
市街地への糞害対策　農作物への食害対策
営巣対策　餌場での対策
さまざまな被害現場でのだまくらカラスの活用事例
三　カラスをだます最新研究　178
カラスの危機的状況を再現した「パタパタロボ（仮）」　カラスの群れの誘導
剥製ロボでカラスをだますことはできるか？
ドローンでカラスをだますことはできるか？
コラム4　カラスのトリビア　191
第5章　カラスとヒトの共存は可能か？……195
一　根本的なカラス対策とは？　196
捕獲は個体数コントロールに有効か？
冬の餌を管理することでの個体数コントロール
無自覚な餌付けストップキャンペーン
実効性のあるキャンペーンにするには？
二　カラスとヒトの関係の再構築　210
カラスとヒトの関わり

カラスに対するイメージを変えることで、ヒト側の許容の範囲を広げる
コラム5　コロナ禍とカラス　216

参考文献　219
あとがき　225

章扉イラスト：塚原直樹

第1章

多種多様なカラス被害

～カラスの気持ちになって考える～

ヒトからすれば被害。しかし、カラス被害とは、ヒトとカラスの間に起こる摩擦である。カラスからすれば、そこに魅力的な食べ物があるから食べに来ているだけ。寝るのに適した場所だからそこで寝ているだけ。カラスの立場になって考えれば、なぜ、カラスがその場所に飛来するのかが見えてくる。カラス被害を防ぐには、カラスが飛来する要因を取り除いてあげればよい。それは簡単なことではないだろうが、なぜ摩擦が生じているか、その要因をカラスの気持ちになって考えてみれば、きっと対策のヒントになるはずだ。

ゴミを荒らす

破れたゴミ袋から四方八方に飛び出ている肉片や野菜くず、ティッシュなどなど。思わず目を背けたくなる光景。爽やかな朝は一瞬にして台無しだ。近くには数羽の黒い影。こんな場面に出くわした経験をお持ちの方も多いのではないだろうか。

カラスによる被害と言えば、多くの方にとっては、ゴミ荒らしがもっとも身近だろう（図1－1）。では、なぜカラスはゴミを荒らすのか？

言わずもがな、そこに食べ物があるからだ。しかも、山野では得難い、肉やパン、果物など、大変魅力的な食べ物がそこにある。これらの食べ物は、高タンパク質、高脂質、高糖質であり、非常に栄養価が高い。まさにご馳走《ちそう》だ。

そして、多少の腐敗は問題ない。自然界ではスカベンジャーの異名を持つカラス。スカベンジャーとは、掃除屋と訳される。死んだ動物を食べて掃除するのだ。動物の死体を素早く土に還すには、カラスのような最初に解体する者の役目は重要である。

図 1-1　荒らされたゴミ

ちなみに勘違いしがちだが、別にカラスは腐っている物が好きなわけではない。やはり、鮮度のよいほうを選ぶ傾向にある。有害鳥獣捕獲において、箱罠《はこわな》と呼ばれるトラップに捕獲されたカラスが、数日放置された腐った餌に見向きもしない様子を見る。管理が悪い箱罠でよく見る光景だ。じつはカラスも綺麗《きれい》好きだし、腐った物は食べない。

考えてみると、賞味期限切れと言って捨ててしまっている食べ物の多くは、まったく腐敗していない。綺麗なお皿からゴミ袋に移っただけだ。もしカラスが選んでいるものを調べてみたら、状態のよい、そしてより栄養価が高い物を選りすぐっているだろう。

そこにご馳走があるからだけではない。カラスがゴミを狙う理由として重要なのは、食べ物の探索と獲得といった、食べるまでのコストの低さだ。

まずは、探索のコスト。森で動物の死体を探し飛び回る、畑で虫をほじくって探す、山野で熟した木の実を探すなど、食べ物の探索にはコストがかかる。ゴミ袋の山はいともたやすく発見できる。

ちなみに、「カラスは曜日を理解し、生ゴミが出る日を知ってますよね」とよく質問される。しかし、賢いカラスも、さすがに曜日の概念を理解していることは考えにくい。カラスは常に食べ物を探し回っている。上空から食べ物を発見し、ピンポイントで飛来するのだ。もちろん闇雲に探索するのではなく、学習もしている。しかし、それは食べ物を得られる場所を覚えているのであり、燃えるゴミの日を覚えているわけではないだろう。このように回答すると、資源ゴミの日は荒らされないのに、燃えるゴミの日は荒らされる、という反論がある。これはなぜか？　カラスは非常に目がよく、遠目にゴミ袋の中身を確認し、ご馳走の有無を見分けていると考えられる。パッと見で食べ物が発見できなければ、隣のゴミ置場に移動しているに違いない。なお、資源ゴミの日でも荒らされることはある。さきほどのように、ここは餌場であると学習し、とりあえず突くカラスもいるだろう。もしくは、包装紙にこびりついたソースや肉片がお目当てなのかもしれない。

そして、獲得のコスト。カラスはあまり狩りをしない。ハトやネズミなどを捕まえることもあるが、基本的に狙うのは弱っている個体だろう。隣に新鮮な死体や肉片があれば、そちらを選ぶに違いない。動く物よりは動かない物のほうが楽に獲得できる。ゴミ袋は突けばご馳走が現れる。動かないし、解体の必要もなし。ダイレクトに食べられる。カラスからすれば、据え膳に等しい。

これらの食べ物を得るまでのコストの低さの割に、得る物の価値が非常に大きい、つまり栄養価が高いのだ。だから、ゴミステーションはカラスに好まれる。

農作物を食い荒らす

農林水産省の発表によると、令和四年度の野生鳥獣による農作物被害金額は約一五六億円に達している。そのうち、カラスによる被害は約一三億円あり、シカ、イノシシに次いで第三位である。大きな被害であるが、このデータの正確性には少し疑問な部分もある。というのは、各農家さんの報告を集計したものであるため、被害を受けた農作物がどの動物種によるものなのかは、農家さんの判断なのだ。現場を押さえられれば確かだろうが、いちいちカメラなどで監視しているわけにはいかない。食べられた痕跡から、どの動物が犯人であるかを判断するしかない（図1－2）。そのため、間違っていることも多々あるのではと想像する。農家さんのカラスへの恨みが、カラスを第三位に押し上げているかもしれない。と言っても、順位が変わるほど、数字が大きく外れているわけではないだろう。要するに、カラスは農家さんにとって厄介な存在なのだ。ちなみに、農林水産省の研究機関である農業・食品産業技術研究機構（農研

図 1-2 カラスに突かれたと思われるリンゴ

機構）が鳥害痕跡図鑑を発表している。カラスだけでなく、ムクドリやヒヨドリなどによる農作物への食害の痕跡を写真付きで紹介しており、どの種による被害であるか見分けるうえで非常に参考になる。

それにしても、農家さんにとってカラスはにくき存在のようだ。こんな深刻な話を聞いたことがある。収穫を翌日に控えたあるナシ園に数十羽のカラスの群れが現れ、一夜にしてほぼすべてのナシが食い荒らされてしまったそうだ。そしてこのナシ農家さんは廃業したとのこと。丹精込めて育て、待ち遠しい出荷の直前ですべてが台無しに。やりきれない気持ちでいっぱいだろう。たとえ補償などで金銭的に補われたとしても、気力は続かない。高齢の農家さんが野生動物による食害をきっかけに離農してしまうという話も少なくない。営農意欲の減退や耕作放棄地の増加など、被害額として数字に現れる以上に深刻な被害をもたらしているのだ。

さて、カラスが農作物を荒らすのはなぜか。当然美味しい食べ物がそこにあるからだ。前述の生ゴミ同様、果実や根菜、豆類などは栄養価が高い。高糖質、高タンパク質のものはとくに狙われるようだ。品種改良され、さらに農家さんの知恵と工夫で美味しく育て上げられている。

野生のものと比べたらその違いは歴然だろう。

さらに、探索コストが低い。空を飛んでいると、開けた土地に同じような草木がいっぱい並んでいて、美味しそうな実をたくさんつけている。栄養価の高い作物が一カ所にまとめて栽培されており、カラスからすると非常に発見しやすいだろう。山の中の木の実を探すのとはわけが違う。突如ご馳走が目の前に山ほど出現、という感じか。そして、一度発見したら食べきれない量がそこにある。野生の木の実などもある程度は群生するだろうが、その比ではないはずだ。ほかのカラスたちと争う必要もなく、仲良く分け合ってもあり余る量である。

獲得コストという意味ではどうだろうか。ほとんどの農家さんは何らかの対策をしているだろう。もっとも強力なのはネットなど、物理的に侵入を防ぐ対策である。そのほかには、カカシに代表されるような脅しの類の対策だ。これらの対策の効果云々については、くわしく後述する。いずれにしても対策の効果が、カラスにとっての獲得コストに比例してくる。つまり、より強力な対策をされている場所は獲得コストも高くなる。獲得コストの高い畑は狙わず、獲得コストの低い畑を狙う。しかしながら、たとえ意味をなさないようなカカシであったとしても、カラスにとっては多少のリスクを感じている。カラスからしたら何が起こるかわからないからだ。何も対策がない、野生の木の実を狙うのとは違う。そのリスクを負ってでも、高栄養価の食べ物を得たいかどうかを天秤にかけているはずだ。そこはカラス各々の個性が出るだろう。カラスも個体ごとに警戒心の強さが異なり、カカシのある畑に構わず侵入する勇者は、じつは警戒心が低いだけの鈍くさいカラスかもしれない（もしくは大物か、いずれにしてもそのような個体はリスクが高い生き方をしており、早死する傾向にあるだろう）。

ちなみに、カラスは果実の熟れがわかるのでは、という話がある。実際、明日収穫しようと思っていたときに狙われる、という話を農家さんからよく聞く。本当に熟れがわかるのか？

これには、カラスの優れた色覚と学習が関わっていると考えられる。カラスの色覚については後述するが、ヒトに比べ、わずかな色の違いも識別できると考えられる。そのため、熟す際の果皮の色の変化を見極めている可能性がある。あとは、実際に食べて美味しかったかどうかを記憶し、つまり、果皮がどのような色のときは美味しい、ということを学習し、選んでいると考えられる。なお、これも後述するが、カラスは紫外線を認識できる。また、紫外線に対する感度が高い。一方、果皮の紫外線反射は、果実の熟度の変化によって違いが現れることがわかっている。両者の因果関係が解明されているわけではないが、この紫外線反射の違いにより、カラスは果実の熟度を見分けている可能性はある。

一方、こんな話もある。あるスイカ農家さんからいただいたお悩み相談だ。なんと、未熟なスイカをカラスがひと突きひと突きしながら歩いているという。カラスが通ったあとには、ちょっとだけえぐられたスイカが並ぶ。もちろん突かれたスイカは商品にならない。この農家さんはたいそうお怒りだ。どうせ食べるなら、一個だけまるまる食べてくれればいいのに、と嘆く。カラスはなぜこんなことをしたのか？　カラスのイタズラと片づけてしまうのは簡単だが、カラスの気持ちになって、もう少し考察してみよう。じつは未熟な果実を突く話はいろいろな農家さんから耳にする。となると、ある個体の単なる気まぐれではなく、カラスが未熟な果実を突く理由が何かあるはずだ。私が考えるに、この行為は学習の過程なのかもしれない。果皮の熟度を知るうえで、まずは突いてみる。突いて、食べて、美味しいかどうか調べているのではないだろうか。カラスにも個体差があり、学習能力が低い個体もいるだろう。いつまでも学習しないから、何度も突いているのかもしれない。あるいはしつこい性格なのだろうか。

畜舎に侵入する

畜産農家にとって、カラスの畜舎への侵入は脅威だ。なぜなら、カラスが伝染病の原因となる細菌やウイルスを運ぶと考えられているからだ。たとえば養牛農家では、サルモネラやボツリヌスなどが問題だ。これらにより、発熱や下痢、泌乳量の低下、呼吸器疾患などが引き起こされる。ボツリヌス症が発生した農家では、畜舎にあったカラスと思われる糞からボツリヌス毒素が検出された事例もある。口蹄疫《こうてい》・CSF・鳥インフルエンザが発生した農場では、家畜の全頭処分などの処置が取られ、畜産農家を廃業に追い込むほどに深刻な被害をもたらす。

二〇一〇年には、宮崎県で大規模に口蹄疫が発生し、六万九四五四頭のウシがその被害に遭った。口蹄疫とは、偶蹄類《ぐうてい》と呼ばれるウシ、ブタ、ヒツジなどの蹄《ひずめ》が偶数に割れている動物がかかる病気である。もちろん、カラスが口蹄疫に感染するわけではない。脚裏に付着したウイルスを畜舎から畜舎へと運ぶ可能性があり、口蹄疫が伝播《でんぱ》した要因のひとつと考えられている。

Classical Swine Fever（CSF）の被害も記憶に新しい。CSFとは、かつて豚コレラとも呼ばれた豚の伝染病のことだ。ヒトがかかるコレラとはまったく別の病気であるが、消費者が連想することによる風評被害を防ぐため、国際的な呼び方に変えた。CSFは、二〇一八年九月に岐阜県の養豚農場において、二六年ぶりに発生した。その後、二〇二〇年三月までに八県で確認されている。イノシシが運んでいることが疑われているが、カラスもその容疑者としては濃厚だ。CSFが発生した養豚農場においても、カラスが豚舎内で確認されている。口蹄疫同様、脚裏にウイルスを付け、機械的に運んでいることが疑われる。

二〇二〇年度には、二五道県八四農場・施設で高病原性鳥インフルエンザの発生が確認され、一七七一万羽のニワトリが殺処分された。鳥インフルエンザが発生した鶏舎では、ネットの破損箇所もあり、カラスなどが侵入した形跡が確認されて、毎度カラスは容疑者に浮上する。ちなみに、カラスは鳥インフルエンザに感染しやすいが、死ににくいことが実験的にわかっている。そういう意味では、ウイルスを撒《ま》き散らしている厄介な存在と言える。最初は鳥インフルエンザに感染したガン・カモ類の死体を食べたのかもしれないが、感染したカラスが、そのまま元気に鶏舎を渡り歩いているという、とても恐ろしい状況が想像できる。なお、鳥インフルエンザは冬の渡り鳥が日本に滞在する一〇～五月が流行期間だが、二〇二二年から二〇二三年には、死亡したカラスからの検出が北海道を中心に七〇例以上確認された。このことから、最近はカラスに対しても強い毒性を持つ鳥インフルエンザウイルスに変異している可能性がある。

では、なぜカラスは畜舎に侵入するのか。狙いは家畜の餌である。家畜の餌にはカラスの好物であるトウモロコシがあるのだ。また、糞の中の未消化のトウモロコシを狙うこともある。畜舎に入れば、そのご馳走を頻繁に手に入れられることを学習しているのだろう。そして、開放型の畜舎も多い。ネットなどで覆っていない限りは入り放題だ。つまり、探索コスト・獲得コストともに低い場所と言える。

また、ウシの餌にはサイレージと呼ばれる牧草の漬物のような物もあるが、それをつくる過程でカラスは悪さをする。刈り取った牧草をラップに包んで発酵させるサイレージのつくり方があるが、このラップをカラスが突いてしまう。中身の牧草を狙っているわけではない。ではなぜ、ラップを突くのか？　それは、カラスはポリエチレンやポリプロピレンのフィルムの類、いわゆる「ポリ袋」を突くのが好きなのだ。もちろんポリ袋を食べるためではない。こういったフィルムの中には食べ物があることが多いという経験に基づく行動なのかもしれない。

そして、家畜そのものをカラスが突くことがある。開放型の牛舎での被害が比較的多い。最初は身体表面に付いた寄生虫を食べに来ていたのだろう。ウシも寄生虫を取ってくれることはありがたいと感じるのか、あまり気にしない。突いているとたまたま傷つけてしまい、血が出る。そしてこの栄養豊富な血液を口にする。また、肉に到達すれば、これは大変美味しい牛肉である。そのころには、ウシもさすがに尻尾で追い払うなど嫌がる素振りを見せるが、カラス

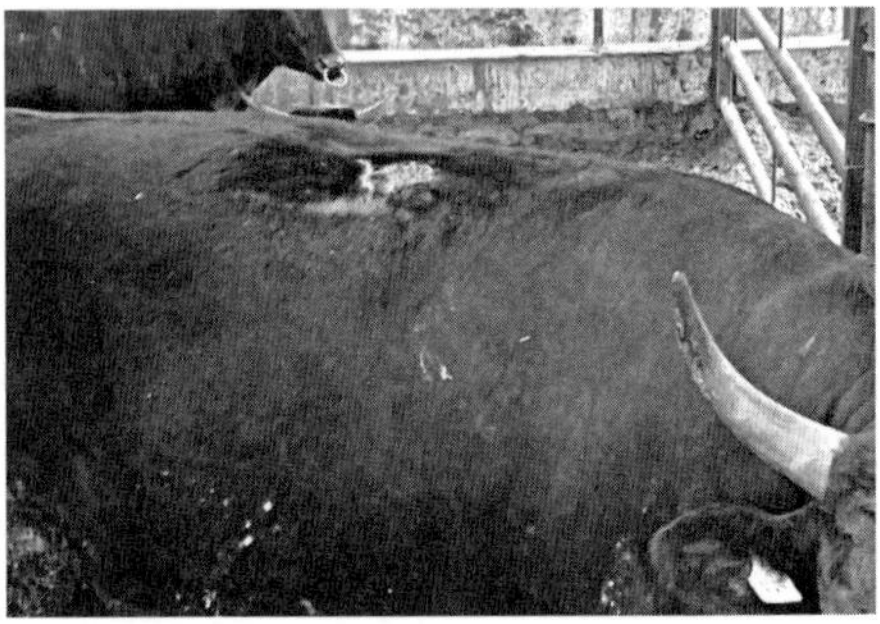

図 1-3　背中を突かれたウシ

はいったん離れたとしても何度もしつこく突く。それが繰り返され、商品価値の高い背中のロースの部分が大きくえぐられてしまうという被害もあるそうだ（図1－3）。

また、乳房の血管が突かれることもある。ウシの乳房には太い血管が走るが、そこを突き、血を得る。最初はかさぶたなどを突いているところからたまたま太い血管を傷つけ、大量に出血したのかもしれない。発見が遅れると失血死してしまうこともあるらしい。

電柱に営巣する

場所によって時期は多少異なるが、二月ごろから繁殖期に入ったカラスのペアは巣をつくる。木の枝などをせっせと運んでいるカラスの姿を目にしたことがある人もいるだろう。通常は、高い木の上部につくることが多いが、電柱に営巣するペアもいる。

巣の材料として、木の枝が使われることが多いが、金属製のハンガーも好まれる（図1－4）。引っかかりやすいということもあるだろう。器用に曲げ、ヒナを守れるガッチリとした巣をつくる。しかし、これが電力会社を悩ませる。金属製のハンガーなどがとくにやっかいだろうが、ポロっと落ちた巣材が短絡事故を引き起こすのだ。

ではなぜ電柱に営巣するのか。ひとつは、市街地で人目もあるため、猛禽《もうきん》やヘビなど、ほかの野生動物からヒナが狙われる機会が少ないことが関係するだろう。そして、食べ物の確保のしやすさも重要だ。市街地は、ゴミなど栄養価の高い食べ物が手に入る。親ガラスはヒナのためにせっせと餌を運びつつ、外敵からヒナを守らなければならない。とても忙しい。餌を得るまでの近さや栄養価の高い食べ物の獲得など、少しでも効率のよい場所を選ぶはずだ。人目につくのは嫌だが、高さもあるし、ヒトに危害を加えられることもない。合理的に考えた結果ではないだろうか。

図 1-4　鉄塔への営巣

ちなみに、日本の多くの場所ではハシブトガラス（口絵①）とハシボソガラス（口絵②）の二種を目にするが、電柱などの人工物に営巣するのは、ハシボソガラスが多い傾向にある。外から目立たない場所に巣をつくったほうがよさそうなものだが、なぜか外から丸見えの場所につくる。これは、二種のカラスの性格の違いによるものと私は考えている。ハシボソガラスは畑などで採餌をすることが多く、開けた土地を好む傾向にある。これはハシブトガラスとの採餌のスタイルの違いもあるだろうが、採餌の際の無防備な状況において、警戒すべき対象をすぐに発見できるよう、周囲をよく見渡せるほうがよいのだろう。採餌と子育てを同じように考えてはいけないが、子育ての環境に関しても、プライバシーを守ることよりも〝眺望よし〟の物件がハシボソガラスは好みなのかもしれない。

ヒトを襲う

五月くらいから、カラスに襲われたというお困り相談が自治体に寄せられる。じつはこれも営巣に絡んだ話だ。

両親に愛情をかけて育てられたカラスのヒナは、初夏に巣立つ。巣立つと言っても、しばらくは親元を離れない。食べ物を手に入れる、飛ぶ練習をするなど生きる術を学ぶのだ。飛び方もはじめは下手くそで、飛ぶというよりは、落ちると言うほうが正しいだろう。親は、外敵に襲われないか気が気でない。ヒナはあちこち変な方向に飛んでいく。ヒトがすぐそばにいたとしても、お構いなしにひらひらと。そんなとき、事情を知らないヒトが近づいてしまう。親ガラスはヒナへの警戒の鳴き声を「アッァアッァッ」と発する。さらにヒトが近づくと「ガーガー」と濁った鳴き声でヒトを威嚇するのだ。もちろん多くのヒトは気づかないだろう。警告を無視し、ヒトは近づく。このままではわが子が襲われてしまう。決死の覚悟でヒトに突っ込む。しかし、ちょっと怖いので、ヒトの死角の後頭部から。そしてなるべく距離を取りたいから脚での攻撃……。親ガラスの心情を代弁するとこんなところだろう。これは、威嚇のための攻撃、あるいはヒトの注意をヒナから自分に向けようとしているだけなのだ。その証拠に、ある程度距離が離れれば威嚇はしなくなる。

だが、カラスに襲われ、後頭部から血を流すほどの怪我を負った人もいる。それは威嚇ではなく、危害を加えようとしたに違いないと、実際に被害に遭った方は思うかもしれない。しかし、これは私が思うに、パニック状態の親ガラスが、ヒトとの距離を見誤ってしまったのだろう。カラスの脚先の爪は鋭い（図1－5）。ゆえにヒトを怪我させてしまうこともあるだろう。

図 1-5　カラスの爪

とにかく、カラスから積極的にヒトを襲ってくるということは考えにくい。基本、カラスはヒトを怖がっているからだ。

カラスにストーカー行為をされている、という相談をいただくことがある。まれに、カラスから危険対象と認定され、季節関係なく特定の個体に威嚇されるということもあるようだ。しかしながら、被害者のお話を伺うと、多くは思い込みかと思われる。特定のカラスがどこまでも追いかけてくるという話だ。たとえば、地下鉄に乗ると、出口でいつものカラスが待っていた、という相談を受けたことがある。さすがの賢いカラスも、そのような超能力はない。なんにせよ、カラスにとってはメリットがない。仮に危険人物だったとしても、自分の縄張りから追い払えさえすれば、しつこく追い回す理由もない。逆に、自分の縄張りから出てしまったら、別のカラスに縄張りを乗っ取られる、ヒナが襲われてしまうなど、非常にリスクが高い。

ではなぜ、被害に遭われた方は、特定のカラスに追い回されると感じるのだろう。お話を伺うと、特定のカラスと判断した理由が特徴的な鳴き声で鳴くということだ。私の考察はこうだ。どの場所でもカラスに気づくと被害者がカラスを見る。ヒトに見られたことでカラスが警戒し、警戒時の鳴き声で鳴く。被害者は、どの場所でもいつも同じ鳴き声を聞く。だから同じカラスと判断した……というのが真相ではないかと思う。気にならないと気づかないくらいだが、気になると妙に意識してしまうのがカラスである。気にして聞いてみると、しょっちゅう鳴いているし、そこら中にカラスがいることに気づくだろう。

ちなみに私は相当カラスに対して変なことをしており、危険人物と認定されてもおかしくない。じつは先日、はじめてカラスに襲いかかってもらった（笑）。頭スレスレまで何度も低飛行し、大きな鳴き声で威嚇してくる。そのような状況は、私でも若干怖いと思うのだから普通の人なら相当恐怖を感じるだろう。私の場合は恐怖よりも興味が勝ち、カラスに襲われるシーンを撮りたいと、ウェアラブルカメラ「GoPro」を背中に装着し、何度も後頭部に接近するカラスの様子を撮影することに成功した（QRコード①）。しかし、残念ながらカラスの身体の一部が私の頭に接することはなく、スレスレをかすめていった。その際もやはり一〇メートルほど離れると、勝ち名乗り（？）をあげ、元の場所へと戻っていった。

いやいや、繁殖期ではない時期に襲われたぞ、という連絡を受けたこともある。この場合、妙に人馴《な》れしたカラスが戯《たわむ》れてきた、と私は考えた。巣落ちしたヒナを保護された方が、なんらかの理由で放鳥してしまったということがあるかもしれない。そのようなカラスはヒトに遊んでもらおうと、近寄ってくる。飼い主さんが肩に乗せていたのか、通行人の肩に乗ってこようとする。このカラスにすれば、単にじゃれているだけなのだが、ヒトにとっては、カラスが襲ってきたと勘違いすることもあるだろう。

①

なお、巣落ちしたヒナを諦めずに親ガラスが育てることもある。外敵からヒナを守り、必死に餌を運ぶ。それでもネコなどに襲われてしまうという残念な結末になることが多いが……。また、巣落ちしたわけではなく、飛ぶ練習をしている間の休憩中のヒナを、巣落ちしたヒナと勘違いして保護する人もいる。これは、不幸にも善意が生んでしまった誘拐事件である。保護される方の優しい気持ちはわかる。しかし、巣落ち後に諦めずに育てて無事巣立った例もあるし、残念な結果になったとしても、それは自然の一コマであるので、グッと我慢してほしい。

いずれにしてもカラスに襲われた経験がある方にとっては、非常にストレスで、深刻な問題かと思う。しかし、なぜカラスがその行動をするかがわかれば、多少はそのストレスも軽減するのではないだろうか。この本を読むことで、少しでも安心していただけたら幸いである。なお、カラスの威嚇に対する対処法は第3章五節にて紹介しているので、そちらを参照してほしい。

動物を襲う

上野動物園のパンダがカラスに突かれるそうだ。これもじつは営巣に関わる行動である。パンダの毛を巣の材料にするのだ。巣材もいろいろあるが、前述したような木の枝やハンガーは、巣全体を形づくる部分に使われる。一方、パンダをはじめとした動物の毛は、産座と呼ばれる卵が乗る部分に使われる。動物が突かれている例の多くは、巣材として毛を拝借している行為だと考えられる。

動物にとっては迷惑であるが、毛を毟《むし》られる程度ならば許容範囲だろうか。しかし、生まれてすぐの動物、もしくは弱った動物が襲われることがある。これは、まさにカラスが動物を襲う例だ。食べ物として狙っているのだ。カラスは前述どおり、スカベンジャーとして死体を食べる、あまり狩りをしない動物だ。しかし、動きが緩慢なものなどを襲うことがある。とくに生まれたばかりの個体や弱った個体が狙われる。これも前述したように、カラスは腐ったものが好きなわけではない。カラスも鮮度がよいほうが好きである。あとは獲得コストの問題だろう。たやすく狩れる動物がいれば、今日の食事の対象として狙いを定める。ちなみに都市部ではネズミを狩ることもあるようだ。すばしっこいネズミを狩れるのだから、狩りの能力はそこそこあるのだろう。それにしても、カラスの食事を見ていると、バラエティに富んだ食生活を送っていると想像できる。栄養価は高いが、調理済みのゴミばかりではなく、たまにはビタミンたっぷりの生きた動物も食べておこうという感じかもしれない。能はあるが、爪を隠しているわけではなく、合理的なのだ。そして、意外とグルメなのだろう。

ゴルフボールを持ち去る

ゴルフをする友人から、カラスにボールを持っていかれたんだけど、なんとかしてくれ、とよく言われる。私はゴルフをしないので、残念ながら目撃したことはないが、どうやらよくある話のようだ。ちなみにカラスにゴルフボールを持っていかれた場合、元あった場所にリプレースしなければならないというルールだそうだ。カラスが都合よい場所にゴルフボールを移動させたとしても元に戻さなければならないのである。

なぜゴルフボールを持ち去るのか？　当然食べるためではない。カラスは貯食という行動をする。獲得した食べ物は、その場で食べてしまうのではなく、自分だけが知っている隠し場所に一時的に隠しておくのだ。その隠し場所には、なぜか食べ物ではないものが置いてあることがある。理由は正直わからないが、気になったものを運び、集めているようだ。私も子供のころ、キン肉マン消しゴムなどを集めたが、カラスにも収集癖があるようだ。

なお、カラーボールが狙われやすいと聞く。これはカラスの色覚と好奇心の強さが関係しているのかもしれない。カラスは色の違いに敏感である。そして好奇心が強い。色違いのボールがあったら、積極的に狙うかもしれない。いつも白いボールばかり目にしていたのに、黄色のボールがあれば、レアもの！　と飛びつくのかも。だが、いろいろな方の話を聞くと、白が一番狙われるという意見も耳にするので、単なる個々のカラスの好みかもしれない。カラスによって性格はさまざまなので、色の好みもさまざまだろう。

太陽光パネルを破壊する・糞を落とす

太陽光パネルが割られている（図1-6）。近くを見ると石が。被害を受けたある太陽光発電の事業者は、最初、子供のイタズラかと思ったらしい。よくよく観察してみると、カラスが石を落としているではないか。なぜこのようなことをするのか？　とても生きるために必要な行為とは思えない。

被害現場にはネジのようなものが落ちていることがある。これは想像だが、前述の収集癖が関係しているかもしれない。ネジを発見し、隠し場所に持ち去ろうとしたとき、途中でぽろっと落としてしまった。その際、パネルがパシャッと割れた。これは面白いと、近くにあった石を落としてみる。そのようなことが発端かもしれない。要するに、いわゆる「遊び」ではないだろうか。

また、パネルの上に糞を落とし、電源効率を下げてしまう被害もあるらしい。パネルを割られることや、糞による電源効率の低下は、多くの太陽光発電所で問題となっている。では、そもそもなぜ太陽光発電所にカラスは飛来するのか？

近年、全国各地でギガソーラーなど大規模な太陽光発電所がつくられた。多くは、森を切り開いてつくられている。もともとカラスのねぐらであった場所もあるだろう。そうであれば、かつてのねぐらを求めて多数のカラスが飛来することは考えられる。

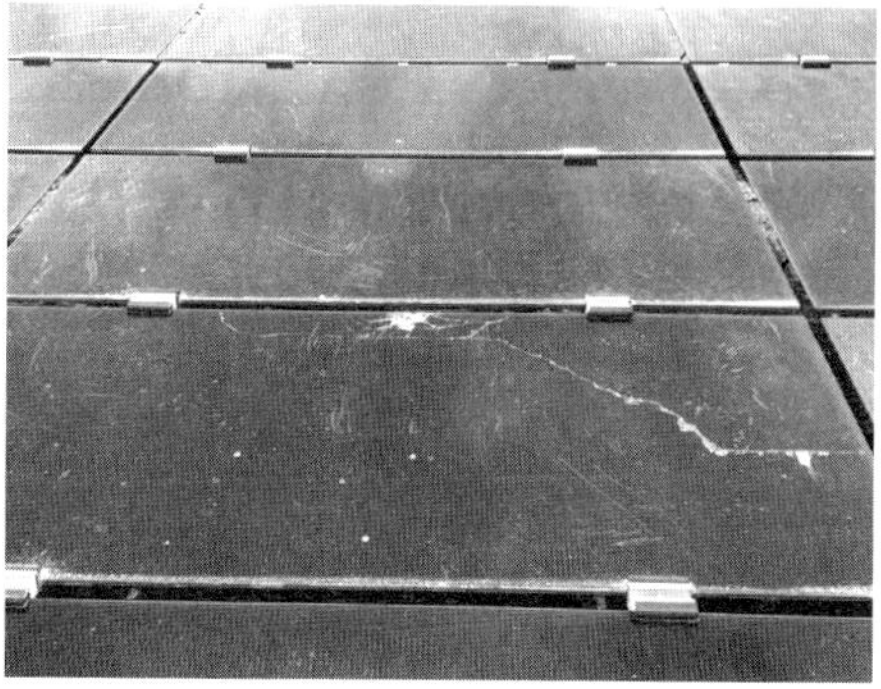

図 1-6　破損したソーラーパネル

このような大規模な太陽光発電所は、市街地から離れたところにつくられるケースが多い。そのような場所には、畜産現場や堆肥場、ゴミ処理場などが隣接するところもあるだろう。それらの多くはカラスの餌場になっており、もともとカラスが多く飛来する場所ということもある。

また、大規模な太陽光発電所であれば、山の中に広く開けた場所が突如現れる。カラスの視点に立ち、三次元的に見ると特徴的な場所だ。猛禽などの外敵が現れてもすぐに察知できる。さらに、人気《ひとけ》もなく、休憩場所にも適しているのかもしれない。翼を休める、日向《ひなた》ぼっこにはもってこいだ。

そして、光の反射の影響もあるだろう。太陽光発電所のパネルの反射光が眩《まぶ》しいなど、近隣住民とのトラブルが発生することもあるほどだ。山の中に突如現れる光を反射するパネル群は、空を飛ぶカラスの目にはすごく目立つ存在ではないだろうか。好奇心の強いカラスは、なんだなんだと飛来するのかもしれない。

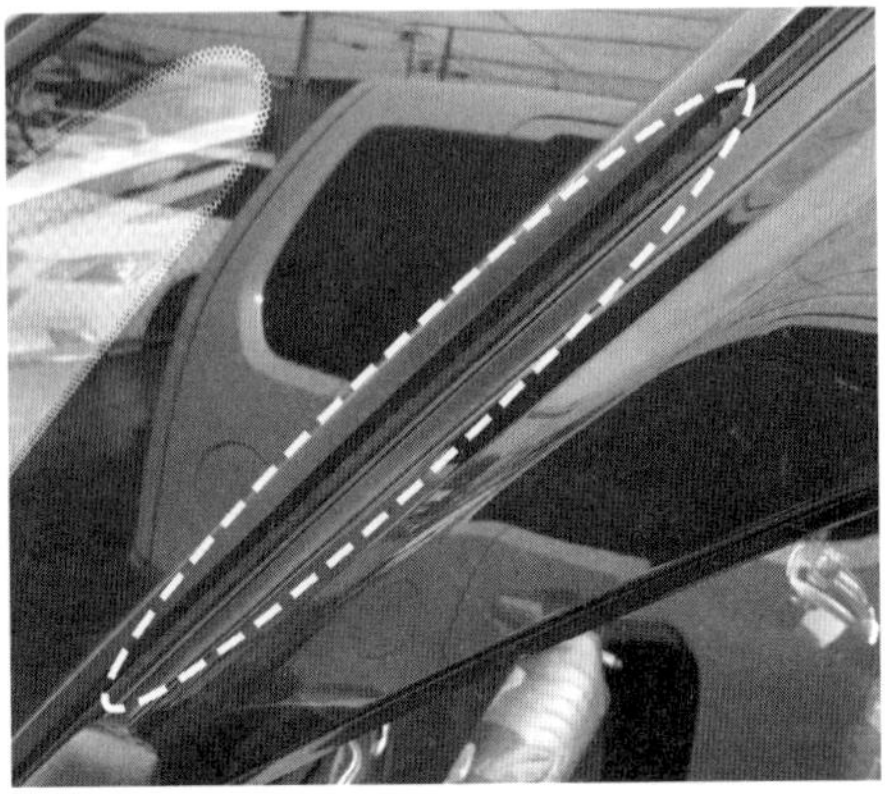

図1-7　カラスにえぐられた窓ガラスのパッキン

自動車に糞を落とす・ワイパーを持ち去る

自動車に糞を落とされたという経験がある方もいるだろう。しばらく放置するとボディに侵食し、塗装し直さなければならないくらい、鳥の糞は厄介だ。そのほか、カラスの鋭い爪の跡をボディに付けられたり、ワイパーを突かれたり、窓ガラスのパッキンを突かれるなどの被害もある（図1－7）。これらの自動車への被害はなぜ発生するのか。

ひとつはドアミラーやボディ、窓ガラスの反射が関係していると思われる。この場合、ドアミラーなどに映った〝自分〟がキーポイントである。よく反射するボディや窓ガラスも、ドアミラー同様に自分が映る。じつはカラスは鏡に映った自分を認識できない。知らないやつが突如目の前に現れたと思うのであろう。縄張りを持つカラスであれば、自分たちの縄張りに侵入者が現れたと勘違いしているに違いない。そこで、鏡に映った自分と喧嘩を始める。終わりの見えない戦いだ。実際にドアミラーを突く動画があるのでご覧いただきたい（QRコード②）。とくに子育てシーズンは神経質になっており、激しくしつこい戦いが展開されるであろう。興奮したカラスは力み、プリッと糞が出てしまう。そしてボディには爪の跡が。いつまでも居続ける侵入者にむしゃくしゃして、ワイパーやパッキンを突くかもしれない。

前述したフィルムの類を突くのが好きという話だが、カラスはゴム製品を突くのも好きだ。ワイパーやパッキンなどを突くのも感触がよいのかもしれない。ちなみにワイパーは突くだけでなく、持ち去ることもある。隠し場所に持ち帰ったワイパーを、われわれがガムを噛《か》むように、こっそり突きまくっているのかもしれない。それから、巣の材料として使われたケースもあるようだ。柔らかさが卵を保護する産座の材料にぴったりだったのかもしれない。

自動車への被害対策については、第3章五節にて紹介しているので、そちらを参照してほしい。

ビル屋上の断熱材やコーキング・重機のシートを突く

ビル屋上に設置してあるエアコンの配管の断熱材がぼろぼろになっていることはないだろうか。もしかしたらカラスの仕業かもしれない。配管の中身が剥《む》き出しになってしまうと、冷暖房効率が落ちる。また、屋上などのコーキング材が突かれることがある。それにより、漏水する恐れもある。

　前述のフィルムやゴム製品同様、カラスは断熱材やコーキングを突くのが好きである。突いたときの感触がよいのだろう。断熱材は、中身がポロポロ出てくるのが面白いのかもしれない。屋外に置いてある重機の座席のシートがぼろぼろになるという話も聞くが、これも同様にスポンジがポロポロほじくれるのが面白いのだろうか（図1－8）。

　また、これらの場所が貯食場所になっていることもある。ぼろぼろになった配管部分をよく見てみると、肉片や動物の骨があった、なんてこともある。

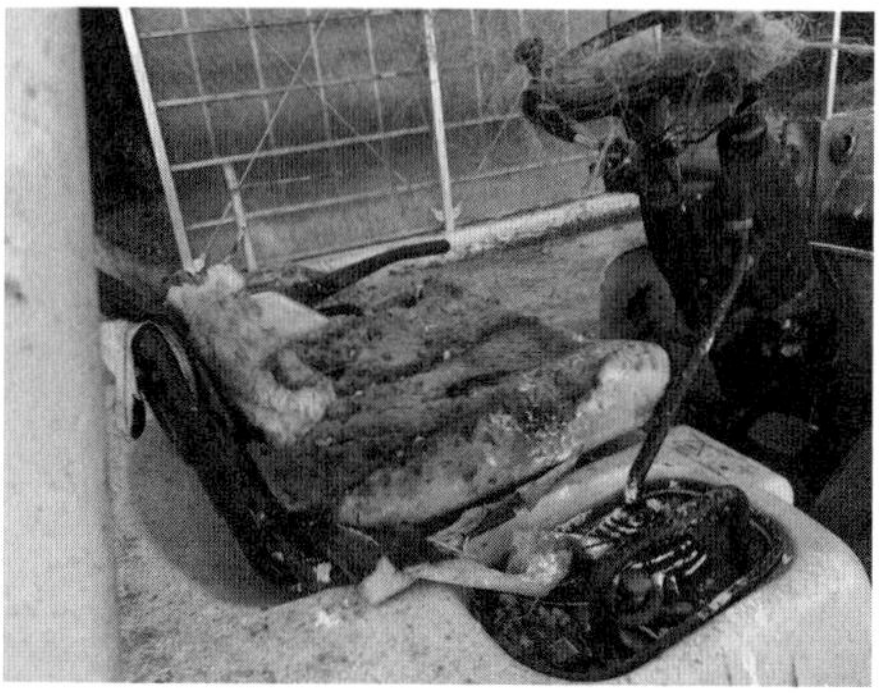

図 1-8　ぼろぼろになった重機のシート

うるさく鳴く

　田んぼに水が張られたころから初夏にかけて、やたらうるさい変わったカラスの鳴き声を聞くことはないだろうか。その鳴き声は早朝から響く。鼻にかかった「ンガー」という鳴き声が何度も繰り返されたあと、「アワッァアワッァワッ」と忙しく鳴き、いったんは止む。そしてしばらくするとまたそれが繰り返される。いったいこれはどんな意味の鳴き声なのか？

これはカラスのヒナの餌ねだりの鳴き声だ（図1－9）。ヒナは親に、やたらやかましく餌を要求する。親がヒナの元へ餌を運ぶとヒナは大興奮。歓喜の鳴き声とともに餌を食道へと運ぶ。大興奮から餌を飲み込むまでの鳴き声が「アワッアワッワッ」である。この愛情こもった子育ては、ヒナの巣立ち後も続く。どっちが親かわからないくらい大きく成長しても、しつこく餌をねだるのだ。親元から離れる（追い出される？）まで。カラスのスネも人間と同じくらい太いようだ。

図1-9　餌をねだるヒナと親ガラス

不幸にも、家のすぐそばで子育てが始まってしまった方にとっては、たまったもんじゃないだろう。鳴き声の頻度が高いのは最初の一カ月くらいだと思われる。その後も続くが時間が経てば経つほど、鳴き声の間隔は長くなるはずである。カラスの愛情こもった子育てをどうか温かく見守っていただきたい。

カラスの騒音問題としては、夕方の集団によるものもあるだろう。なぜ夕方に集団が集まるか、これはねぐらが関係する。これについては次項で説明しよう。

電線に集団で止まる

夕方、どこからともなくカラスが集まる。集団が電線に止

図1-10　電線に止まるカラス

まり、その下には大量の糞が。臭いも強烈で、近所の方はさぞ苦労されているに違いない。

これは就塒《しゅうじ》前集合と呼ばれる行動だ（図1－10）。「塒」とは「ねぐら」のことで、ねぐらに入る前にいったん小集団で集合する行動のことである。就塒前集合は、ねぐらが近くにあり、高い塔やビルなどランドマークとなるような建物やその近辺で起こりやすい。

ここで何をしているのか？　ひとつは、ねぐらを共にするほかの集団を待っていることが考えられる。ねぐらとなる森に猛禽がいることもあるだろうが、ねぐらに入るタイミングを揃えることで、集団で猛禽を追い出す、また、その猛禽に襲われるリスクを減らすということがあるかもしれない。

また、ねぐらに入る前にトイレを済ませていることも考えられる。やはり自分たちの寝床は清潔に保ちたい。ゆえに出すものはすべて出し、床に就いているのではないだろうか。

なお、なぜ電線に好んで止まるのか。これは鳥の脚の形態が関係する。鳥は止まり木などに止まる際、脚を曲げ、腰を落とす。脚を曲げると、親指とそれ以外の指が、止まり木をグッと握るように締まり、ロックされる。これは、脚の関節部分から指先まで、腱がつながっていることから、鳥が意識しなくとも起こる機構である。つまり、腰を落とせば、脚の指が止まり木をロックし、安定する。鳥にとっては楽な姿勢なのである。ロックしやすい、木の枝のような形状の電線を好む理由だ。

ちなみに、ねぐらと巣をよく混同される方がいるので、ここで説明しておこう。ねぐらとは、寝る場所である。市街地に近い丘や高い樹木が何本も生えている神社のような場所がねぐらになりやすい。場所によっては、市街地の電線やビルがねぐらになるケースもある。ねぐらによって規模は異なるが、数十羽程度から一万羽を超える数のカラスが同じ場所で一夜を明かす。

一方、巣は繁殖を行なうことを目的としている。ペアとなった二羽のカラスが縄張りを持ち、巣をつくる。巣では卵を産み、子育てを行なう。地域によって時期は多少ずれるが、二月ごろから七月ごろまでの出来事である。その間、ペアとその子供二〜三羽が縄張り内にて一家で過ごす。夜も縄張り内で就寝する。

この子育てシーズンにおいて、繁殖を行なわない個体は、ねぐらで過ごしている。やがて秋ごろから冬にかけて、親元を離れた子供たちや子育てを終えたペアが集団に合流する。そのため、ねぐらの集団も大きくなり、冬にピークを迎える。場所によっては、大陸から渡ってくるミヤマガラス（口絵③）というカラスも合流し、ものすごい数になることがある。カラス大発生というニュースが流れるのが冬に多い理由だ。天変地異の前触れかとメディア取材を受けることもあるが、毎年の風物詩であるので、ご心配なさらずに。

コラム1

カラスの一日

カラスの朝は早い。日の出の三〇分くらい前のまだ暗い時間から、ぱらぱらと数羽がねぐらから飛び立っていく。面白いのは、早く出発するカラスもいれば、明るくなってしばらくしてから飛び立つカラスもいることだ。前日にたらふく食べることができたから重役出勤なのかもしれないし、単純にねぼすけで、個性なのかもしれない。ちなみに、種による違いもあるのか、ミヤマガラスは朝がのんびりな印象だ。佐賀県庁周辺をねぐらとするミヤマガラスの集団は、完全に明るくなってもしばらくねぐらに居座っていた。ミヤマガラスが集団で行動するという特徴に関係しているのだろうか。朝が弱いねぼすけにあわせているのかもしれない。

カラスの朝一番の仕事は食べ物を見つけることである。自分の餌場を巡回し、食べ物を確保する。見つけた食べ物の一部は自分の隠し場所に隠し、あとで食べる。貯食という行動だ（図1－11）。街中では街頭スピーカーの中や室外機の下などゴソゴソしているカラスがいたら、それは貯食シーンかもしれない。

運よく十分に食べることができたカラスは、日中のんびり過ごす。畑をちょこちょこ歩きながら虫を食べる、公園の池で水浴びをする、羽を広げて日光浴をする（図1－12）、風乗りを楽しむなど。

夕方近くになると、ねぐら付近に集まってくる。ねぐら近くのビルや電線などに集団で止まっていることがあるが、これは「電線に集団で止まる」のところで紹介した就塒前集合だ。その後、日の入り前後にカラスは集団でねぐらに入っていく。新しい集団がねぐらに入っていくと、もともとねぐらにいた集団がねぐらを飛び出し、鳴きながら上空を旋回する行動が見られる。それを何度か繰り返し、ねぐらに入っていく集団がいなくなると、静かになる。何事もなければそのまま朝まで寝ているのだろう。

図 1-11　街灯スピーカーに貯食していた肉を食べるカラス

図 1-12　日光浴をするカラス

ちなみに、駅前の電線などをねぐらにしているカラスを観察していると、深夜でも動きがあることがわかる。観察している電線に午前二時などに新たな集団が飛来していることがある。その時間にねぐら入りしているわけではなく、周辺を行き来しているのだろう。駅前などであれば街灯も多数あり、明るいことが影響しているのかもしれない。この電線はなんだか居心地が悪いと感じて、別の電線に移動したのか。われわれで言えば、なんだか枕が合わないなあ、といったところか。

第2章

そのカラス対策は間違っている……かも

~カラスが本能的に嫌がるものなんてない?~

「カラスが嫌がる××」

カラス対策製品では、よくあるキャッチコピーだ。しかし、本当だろうか？　銃で撃たれる、電気ショックなど、明らかに実害を伴う場合はもちろん嫌がるだろう。しかし、見た目や音などを使った実害を伴わない脅しの対策において、カラスが嫌がるものはあるだろうか？　未来永劫効果が続くような、本能的にカラスが嫌がるものなんてない、と言い切るのは難しいが、これまで二〇年以上カラスを研究してきた私は知らない。そんなものがあれば、カラス被害に困っているヒトがこんなに多いわけがない。しかし、ホームセンターなどでカラス対策製品のコーナーを見れば、さまざまな製品が売られている。もし、本当にカラスが嫌がるものが製品化されているのであれば、その製品ひとつ、もしくは同様の製品に収斂《しゅうれん》されているはずだ。しかし、紫外線、超音波、磁石、黄色等々をカラスが嫌がることを科学的根拠があるかのごとく紹介した製品がズラリと並ぶ。

では、カラス対策製品を売る企業は悪意を持って販売しているのだろうか？　いや、それは違う。なかには詐欺まがいの製品もあるだろうが、多くの企業は、何度も実験をして、効果を確かめたうえで、自信を持って販売しているはずだ。その証拠に、製品を販売する会社のウェブサイトでは、製品を使ってカラスが逃げていく様子をとらえた動画も公開している。じつは、これがやっかいなのだ。一時的にはカラスは逃げていく。効果があるように勘違いしてしまうのだ。カラスの高い警戒心ゆえのことだ。この一時的効果のことを、私は「カカシ効果」と呼んでいる。

いずれにしても、永続的な効果を持つ脅しの対策を私は知らない。しかし、既存のカラス対策の中でも、ほぼ効果が期待できないもの、少しは効果が期待できるもの、しばらく効果が期待できるものなど、効果の程度に違いはある。その違いはなぜ生まれるのか？　それは、カラスの生理・生態を考慮してつくられたものかどうかの違いである。カラスの生理・生態を無視したものであれば、カラスからしてみたらトンチンカンな対策で、すぐに効果がなくなってしまう。逆にカラスの生理・生態を考慮したものであれば、カラスを騙《だま》し続け、長期にわたって効果が持続するのだ。

そこで本章では、既存のカラス対策の効果について、カラスの生理・生態を踏まえて解説したい。

何でも最初は効果がある！　それは「カカシ効果」

私の造語の「カカシ効果」を紹介したい。

古くから行なわれている野生鳥獣対策というと、カカシが有名だ（図2－1）。カカシとは、

図 2-1　カカシ

ヒトを模した人形を畑などに置くことで、野生鳥獣に対し、ヒトがいると思わせる対策である。カカシのデザインもさまざまだが、ときに、じつにリアルなカカシを目撃し、びっくりすることもある。しかし、カラスはカカシをヒトとは思っていないだろう。では、カラスはカカシをどう思っているのか？　ここでカラスの気持ちになって考えてみよう。

餌場として毎日通っていた畑。昨日までは何もなかったが、今日は何か変なものがある。よくわからないが、危険なものかもしれない。とりあえず警戒して近づかないでおこう。今日はこの畑はやめて別の餌場に向かおう。

カカシをはじめて目撃したカラスは、きっとそう思うはずだ。カラスは警戒心が強い動物である。また餌場はいくつもあるのだから、あえて危険を冒してまで、同じ餌場にこだわる必要もない。念のためと用心し、近づかなくなるのだ。

しかし、カラスにも個性があり、警戒心の程度はさまざまだ。とくに経験の少ないヒナなどの警戒心は薄い。カカシのそばに無用心に近づくカラスもいるだろう。それを見た別のカラスは、カカシは危険なものではないと判断する。そうなると、もうカカシの効果はなくなってしまう。

このカカシのように、目新しい物にカラスが警戒し、一時的に近づかなくなる効果を、私は「カカシ効果」と呼んでいる。多くの既存の対策製品に現れる一時的な効果は、この「カカシ効果」なのだ。

なお、場所や季節など環境によって効果に差は出る。場所によって効果があったりなかったりするのはこのためだ。食べ物が極端に少なくなる冬に、栄養価の高い魅力的な食べ物があれば、多少の危険を冒しても食べ物を確保しようとするだろう。そのような場合、カカシはまったく役に立たないはずだ。逆に、昆虫や木の実など自然の食べ物が溢《あふ》れる夏などであれば、カカシも十分に効果を発揮するに違いない。

CDはカラスの警戒心を煽る？

カカシ以外にも、畑では吊るされたCDをよく目撃する。このCDの効果はいかに？　これも「カカシ効果」が発揮される。しかし、カカシよりも効果が高い可能性がある。科学的に比較したデータがあるわけではないが、その理由は次のとおりだ。

CDは紐などに吊るされる（図2－2）。そのため、風でゆらゆら揺れる。微動だにしないカ

図 2-2　庭先に吊るされたCD

カシとは異なり、不規則な動きをする。この「動く」ことが重要だ。さらに、不規則な動きがカラスの警戒心をより煽《あお》る。

また、光を反射することも重要だ。カラスは非常に目がよい。網膜には視細胞と神経節細胞という細胞がある。目に入った情報をキャッチし、脳に伝える細胞だ。これらの数が多ければ高い分解能で物を見ている、つまり、目のよさの指標と言えるだろう。網膜における視細胞の密度は、ヒトが約一万個／㎟に対し、カラスは九万個／㎟ある。また、網膜全体の神経節細胞の数は、ヒトが約一〇〇万個に対し、カラスは約三六〇万個ある。これらの結果から、われわれよりも目はよいと言えるだろう。

そこで、視覚を刺激する対策は、よりカラスの注意をひくことになる。つまりカラスからすると目立つ。とくに風に揺られ、不規則に動けば光の反射も不規則になり、よりカラスに目立つ存在になるだろう。カカシよりは目立つ存在だ。したがって、カラスがより用心する可能性はあり、カカシよりＣＤのほうが高い効果を発揮するかもしれない。しかし、あくまで注意をひく存在である。つまり、嫌がるわけではない。結局、一時的な効果であることは間違いない。

CDと同様の効果をもたらす製品として、バネ状の製品が挙げられる。不規則に揺れ、光を反射する。少し異なる点として、これらの製品は音が出る。バネが伸び縮みする際に発生する音だ。視覚への刺激に加え、聴覚への刺激も加わり、また、それらの刺激が不規則にもたらされることから、カラスにとってはより目立つ存在となりうる。

誤解のないように言っておくが、目立つことイコールより長期的効果を発揮する、というわけではない。目立つ対策は、はじめて見たカラスがより用心する可能性はある。しかし、目立つがゆえに効果の期間は短くなる可能性もあるのだ。目立つ対策が、より短期的な効果になってしまう例として、音声による対策があるが、これについては後述する。

カラスは紫外線が嫌い？

ある製品は、カラスが嫌がる紫外線を反射し、追い払うとのこと。カラスが紫外線を嫌がる？　これは本当だろうか？　結論から言うと、カラスが紫外線を嫌がるとは考えにくい。

カラスは紫外線を認識できる。われわれには見えない紫外線を見ることができるのだ。しかし、見えるからといって、嫌がるわけではない。むしろ、物を識別するうえで、紫外線反射が重要だということがわかっている。われわれは、過去にこんな実験を行なっている。

ハムとハムの食品サンプルを用意し、いくつかの光条件下でカラスに選ばせた（口絵⑦）。屋外の太陽光下で実験を行なうと、お腹をすかせたカラスは、ほぼハムを選ぶ。しかし、屋内の紫外線がほぼない光条件下で実験を行なうと、ハムを選んだ割合は五〇パーセントになってしまった。つまり当てずっぽうである。どうやら、カラスは紫外線反射がないと、本物のハムと食品サンプルの見分けがつかなくなってしまうらしい。また、実験に使用したハムと食品サンプルの光反射の違いを測定すると、紫外線領域の光の反射が異なっていることがわかった。この実験から、カラスが物を識別する際は紫外線の反射が重要な要素であることが推測された。

さて、カラスが紫外線を認識できることに着目した対策製品が販売されている。ある製品は、紫外線を反射することでカラスは眩《まぶ》しく感じ、近づかなくなるという。この製品がどの程度紫外線を反射するのかは不明だが、鏡面以上に太陽光を反射することは考えにくい。この製品の理屈であれば、鏡面にカラスは近づかないという話になる。しかし、日差しが強烈な初夏でも、鏡のような窓があるビルにもカラスが平気で止まっているところはよく目撃される。また、私が行なった実験で、強烈な紫外線を発する紫外線ランプを餌の前に置いた際も、紫外線ランプをまったく気にせず餌を食べていた。だが、この製品を使用すると、カラスが一時的に来なくなるとのこと。それはなぜか？　やはり、目新しい物に対する「カカシ効果」と考えたほうが納得できる。製品が紫外線を反射することは事実だろうから、紫外線に対し感度が高いカラスには、その製品が目立つ存在なのかもしれない。何か怪しい物があるから、ひとまず近づかないでおこうとカラスは考えるのだろう。なお、この製品がうたうように、反射した紫外線をカラスが嫌がるという理屈ならば、ＣＤの裏面も紫外線をよく反射するので、ＣＤを吊るすのも同等、もしくはそれ以上の効果が期待できるということになる。

カラスは黄色が嫌い？

カラスは黄色が嫌い、もしくは見えないという噂があるが本当か？　はっきり言って、これはまったくのデマとしてよいだろう。なぜこのような噂が広まったのか？　それは、私の恩師である宇都宮大学名誉教授の杉田昭栄先生が開発に携わった、紫外線を吸収するゴミ袋がきっかけであると私は思っている（口絵⑧）。

先に述べたとおり、カラスは優れた視覚を持つ。視覚のなかでも、とくに色覚が優れている。網膜の視細胞には色覚に関わるセンサーがある。ヒトは三種類のセンサーを持ち、三原色で色を見ているのに対し、カラスは四種類のセンサーを持ち、四原色で色を見ている。ヒトに比べ、カラスは色鮮やかな世界を見ており、わずかな色の違いも識別できると考えられる。そして、カラスの視細胞のセンサーのうちのひとつは、紫外線領域の光を受容する。紫外線領域も含めた四原色の色覚により、同じ物を見ても、ヒトとは異なる色と認識していると考えられる。

前述の紫外線を吸収するゴミ袋は、見た目が黄色の半透明の袋である。しかし、カラスには違って見えているようだ。このゴミ袋には特殊な顔料が練りこまれている。その顔料が紫外線を吸収するのだ。先述の食品サンプルの実験から、カラスが紫外線に対する感度が高く、紫外線の反射が物の識別に重要であることを紹介した。つまり、物に当たる紫外線をカットしてしまえば、見えづらくなるのではと考えられる。そこで、この紫外線を吸収するゴミ袋が開発された。ゴミ袋の顔料が紫外線を吸収することで、ゴミ袋の中の食べ物の紫外線が反射されず、カラスは食べ物を認識できないという理屈だ。

実際、カラスは中身がよく見えていないと思われる。私も携わった実験では、通常の半透明のゴミ袋と紫外線を吸収する半透明のゴミ袋を用意し、それぞれの袋の内側にドッグフードをテープで固定し、カラスがそれを食べる様子を観察した。すると、通常の半透明のゴミ袋では、ドッグフードがある場所をピンポイントで突いていた。それに対し、紫外線を吸収するゴミ袋のほうは、手当たり次第突いていた。この実験から、たとえ半透明だとしても、紫外線を吸収するゴミ袋で覆うと、カラスは中身が見えづらくなるということがわかった。

中身を見えづらくさせることは、カラスのゴミ荒らしを防ぐうえで非常に効果的な対策である。なぜならば、カラスは視覚に頼って食べ物を探しているからだ。次項で紹介するが、カラスは嗅覚が鈍いことがわかっており、食べ物を見えなくさせれば、カラスに発見されにくくなる。この紫外線を吸収するゴミ袋は、いくつかの市町村の指定のゴミ袋として活用された。多くの現場でも効果を発揮した。このゴミ袋を使用するとカラスに荒らされなくなったという。

しかし、これにはちょっとひっかかる。たしかに、匂いがわからなければ、見えない物を発見することはできないだろう。そこに食べ物があることを知らない新参者であれば、通り過ぎるのは納得できる。だが、常にそこを餌場にしていたカラスが、ただ見えないという理由だけで、突かなくなるというのは疑問だ。カラスは非常に記憶力がよい。きっと、ここはいつも美味しい食べ物にありつけると記憶しているはずだ。

それでは、なぜカラスに荒らされなくなったのか？　私はやはり「カカシ効果」が効いていると考える。これまでは、半透明のゴミ袋だったのが、急に違う色に変わった。カラスの持つ四原色のすぐれた色覚によって、カラスは色の変化に敏感に違いない。色が変化すると妙に警戒する。半透明のゴミ袋が色付きに変わったことで、カラスは用心し、別の餌場に向かうのだろう。やがてお気に入りの餌場が見つかれば、そちらに入り浸るようになるだろう。餌場と認識していたカラスが来なくなれば、紫外線を吸収するゴミ袋を使用したゴミ置き場では、食べ物は発見されにくいため、そのあともゴミは荒らされにくくなると思われる。ただ、嗅覚が優れるネコには荒らされる。ネコに荒らされたタイミングで食べ物を発見され、カラスに餌場認定されてしまうかもしれない。

いずれにしても、この紫外線を吸収するゴミ袋はヒット商品となり、メディアにも多数取り上げられた。見た目が黄色であることもインパクトが強かったのだろう。黄色のゴミ袋がカラス被害を防ぐということで、紫外線を吸収するということが置き去りにされ、黄色がひとり歩きし始めた。

そして紛い物が現れた。紫外線を吸収しないただの黄色のゴミ袋だ。厄介なことに、ただの黄色のゴミ袋も効果を発揮する。「カカシ効果」だ。紫外線を吸収する顔料が入っていないぶん、コストは下がり、価格は安くなる。理屈を知らない消費者は、より安い黄色のゴミ袋を買ってしまう。紫外線を吸収しないただの黄色のゴミ袋を、指定のゴミ袋とする市町村まで現れ始めた。最初は「カカシ効果」が発揮され、しばらくゴミ荒らしは減るだろう。しかし、やがては馴れてしまう。紫外線を吸収するゴミ袋であれば、中身がよく見えていないので、徐々にゴミが荒らされなくなる可能性がある。しかし、ただの黄色のゴミ袋は中身がしっかり見えている。カラスが用心することをやめた時点でゴミは当然荒らされる。

ただの黄色のゴミ袋が「カカシ効果」を発揮するため、カラスは黄色が見えないという説に加え、なぜか、カラスが黄色を嫌がる説まで浮上してしまった。黄色が効くらしい、という噂が広まり、伝言ゲームの結果、黄色イコール嫌いとなってしまったと推測する。そうして、いまやカラス対策製品コーナーには黄色の商品が溢れている。ゴミ荒らしを防ぐもっとも一般的な対策としてネットがあるが、いまでは、黄色以外のネットを見つけることは難しい。この黄色のネットも、発売当初はカラス被害が減ったと話題になった。もちろん「カカシ効果」だろう。ネットであるため、ネットで覆った内側は当然丸見えだ。となると、なぜ効果があるか、カラスは黄色が嫌いなんだ！ という話になる。カラスは黄色が嫌い説を後押しする結果となった。

ある知人から聞いた話だが、ゴミ置き場の黄色のネットが破れてきたので、緑色のネットに変えた。すると、これまでひどく荒らされていたゴミ置き場が、まったく荒らされなくなったそうだ。嬉々として私に報告してくれた。しかし、当然のことながら、二週間ほど経ったあたりから、以前のように荒らされ放題になってしまったとのこと。非常にわかりやすい「カカシ効果」の例である。

嫌いな臭いでカラスを追い払う?

ある製品は、カラスが本能的に嫌がる臭いを使っているそうだ。具体的な成分などが公表されていないため、カラスがどんな臭いを本能的に嫌がっているかは不明だが、そもそもカラスの嗅覚は鈍い。

解剖学的な証拠がある。脳には嗅覚をつかさどる嗅球という部位がある。図2-3のように、ほかのトリには大豆のような部位が先端にふたつ存在する。一方、カラスの嗅球はよくわからないくらい小さい。また、鼻から嗅球まで延びる嗅神経もか細い。これを見るに嗅覚は発達していないと推測できる。

また、こんな実験も行なっている。蓋に穴を開けたタッパーをふたつ用意し、ひとつにのみ、お湯でふやかしたドッグフードを入れる。見た目ではドッグフードが見えない構造になっている。だが、われわれヒトであれば、

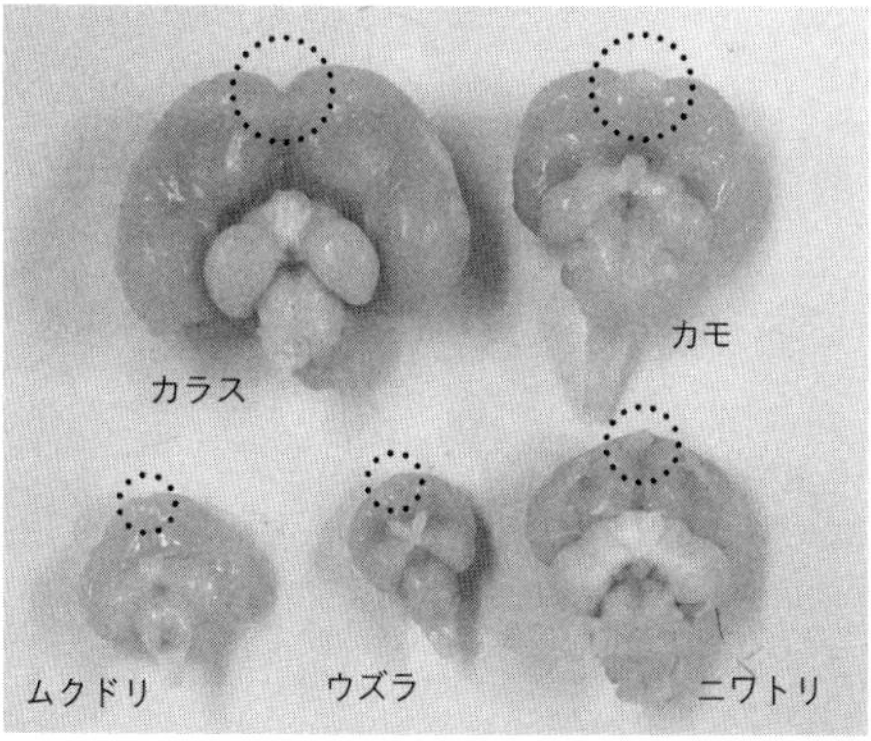

図2-3　カラスの嗅球と嗅神経

近づくと匂いでどちらのタッパーにドッグフードが入っているかはすぐにわかる。これらを、お腹を空かせたカラスに提示する。匂いがわかるのであれば、ドッグフード入りのタッパーを突くはずだ。しかし、ドッグフード入りのタッパーを選んだ割合は約五〇パーセントだった。匂いではわからなかったのだ。

解剖学的な証拠と行動実験により、カラスの嗅覚は非常に鈍いと推測される。カラスの嫌いな臭いをうたった製品の効果についてだが、もし効果があったとしても、それが臭いによるものであることは考えにくい。もし効果があったとしたら、目新しいものを設置した際に、それをカラスが用心した「カカシ効果」であると考えるのが妥当だろう。

カラスはカプサイシンが嫌い？

カラス対策製品には、カプサイシンを使ったものがある。カプサイシンとは、唐辛子の辛味成分である。カラスはカプサイシンを嫌がるのか？　答えはノーである。

過去にこんな実験を行なった。ドッグフードが入ったタッパーをふたつ用意し、片方にはカプサイシンを振りかけた。どちらのタッパーのドッグフードをより食べたか、量を比較した。すると、どちらも同程度であった。徐々にカプサイシンの量を増やし、カラスに選ばせた。結果、カプサイシンの量を増やしても、カラスが食べた量はカプサイシンが入っていないほうと変わらなかった。ヒトが近づくとむせるくらいの量になっても、カラスはカプサイシン入りのドッグフードをパクパク食べていたのだ。

鳥類はカプサイシンに対する感受性が低いことが電気生理学的実験からわかっている。これは唐辛子と鳥類との共進化と考えられている。鳥類は唐辛子の辛味を感じなくなることで、その実を栄養源にできる競争相手が減るという、鳥類にとっての利点があるだろう。一方、唐辛子としては、鳥類は哺乳類のように歯で種を擦《す》り潰《つぶ》すことなく丸呑《の》みし、さらには遠くまで種を運んでくれるため、鳥類に食べられることに利点がある。このように、両者は互いに利益を得る形で進化したという仮説だ。

ともあれ、鳥類は唐辛子の辛味をあまり感じないのだ。したがって、カプサイシンをカラスが嫌がることは考えにくい。

カラスは超音波が嫌い？

カラスが嫌がることをうたった超音波や特殊な波動を使った製品が売られている。果たしてこれらの効果はいかに。特殊な波動については正体がよくわからず、考察しようがないので、ここでは割愛させていただく。超音波については、カラスの聴覚に注目して解説する。

カラスの聴覚は優れているのか？　聴力についてはヒトと同程度と考えられる。特別小さな音を聞き取れるわけではないが、静かな環境であれば、相当小さい音でも聞き取っている様子は観察される。われわれヒトと同程度と考えてよさそうだ。

では、カラスは超音波が聞こえるのか？　超音波は二〇キロヘルツを超える高い周波数の音だ。ヒトは認識することができないため、もしカラス対策として有用ならば、ヒトには聞こえず、近所迷惑にはならない対策が可能だ。しかし、カラスも超音波を認識できない。カラスを含めた多くの鳥類の可聴範囲は、むしろヒトよりも狭いことがわかっている。生理学的実験から証明されているのだ。そのため、超音波そのものを忌避することは考えにくい。超音波の圧力などを感じ、嫌がるという可能性もなきにしもあらずであるが、過去に可聴音を除いた超音波のみをカラスに当てた実験を行なったことがあるが、カラスは微動だにしなかった。じつは、効果があるとうたう超音波を使った製品のほとんどには、われわれにも聴こえる音が発せられている。つまり可聴音が発せられているのだ。これらの製品をカラスが忌避するとすれば、超音波に対してではなく、一緒に発せられる可聴音に対してだろう。ちなみに、これら製品から発せられる可聴音を録音し、普通のスピーカーからカラスに聞かせたことがある。その際もカラスは、製品と同様に気にする様子を見せた。つまり、超音波がまったく出ていない状態でも同じ反応だったわけで、超音波に対して忌避しているわけではないと考えられる。なお、電子音など、自然界ではあまり聞かないような音をカラスに聞かせると、カラスは警戒する。そのため、一時的には忌避しているように見える。しかし、これらの音は馴れが早く、長期的な追い払い効果は見込めない。要するにこれも「カカシ効果」である。

カラスのこのほかの聴覚の特徴についても紹介しよう。

音源の位置を把握する能力は優れていそうだ。繁殖期には、カラスは縄張りを持つ。縄張りには、よい餌場や見晴らしのよい樹木など、好条件の場所が選ばれる。しかし、好条件の場所は人気が高い。そして、縄張り争いが頻繁に起こる。カラスのペアは、縄張りを自分たちのものにしようと飛来する侵入者の排除に忙しい。ペア同士は、縄張り内をあちこち飛び回り、まるで「こちら異常なし」とトランシーバーで通信するかのごとく、常に鳴き声を交わしている。侵入者があると、すぐさま警戒の鳴き声を発する。すると、姿が見えない森などにおいても、ピンポイントで相方の元へと飛来する。また、カラスの縄張り内で、別の場所で録音したカラスの鳴き声をスピーカーから再生すると、ピンポイントでスピーカー上空までやってくる。おそらく侵入者があったと思い、排除するため、現場に急行するのだろう。このように、相方や侵入者がどこで鳴き声を発しているか、つまり、音源の位置を把握する能力は高いと推測される。

さらに、音の弁別能力は優れていそうだ。飼育下のカラスでは、鳴き声から個体を識別していることが慶應義塾大学（当時）の近藤紀子氏らにより、実験的に証明されている。二羽のカラスをケージに入れ、鳴き声は聞こえるが、互いの姿が確認できないよう、間に仕切りを設ける。仕切りには若干隙間を空けるのがポイントだ。この際、隣にいるカラスがどの個体であるか、カラスはあらかじめ認識している。この二羽をAとBとしたとき、Aにわからないよう、Bをケージから出し、代わりにスピーカーを置く。スピーカーからBの鳴き声を再生すると、

Aはとくに変わった行動はしない。しかし、別の個体Cの鳴き声を再生すると、Aは仕切りの隙間からもう一方のスペースを覗き見ようとする行動を取る。Aからすると、Bがいるはずなのに、Cの鳴き声がするため、不思議に思って確認しようとしたのだろう。この実験から、カラスは鳴き声で個体識別をできていると言える。つまり、カラスは個体ごとの鳴き声を聞き分けられるくらいの弁別能力があると言える。

カラスの鳴き声とそれを使った対策は、第4章で紹介しているので参照してほしい。

カラスは磁石が嫌い？

鳥類は磁場を感知していることがいくつかの種で明らかとなっており、渡りをする種では、方向を知るために磁場を利用している可能性も示されている。ホームセンターなどでは、強力な磁石により、鳥の磁場の感知を乱すことで、鳥を忌避させることをうたった製品が販売されている。カラスが磁場を感じているかどうかは不明だが、仮に磁場を感知していたとしても、磁場の乱れを忌避することとは別問題である。実際、カラスは磁場の乱れを忌避するのだろうか？

農研機構の吉田保志子氏らは、飼育環境下において、忌避製品と同等の磁力を持つ磁石を餌場に置き、カラスの行動を観察した実験を行なった。その結果、磁石を置いた場合と置かない場合で、餌場への飛来数、餌の消費量、滞在時間に差は見られなかった。この実験により、カラスに対する磁石の忌避効果は認められないことが示されている。

カラスはタカが嫌い？

カラスに天敵はいるのか、という質問をよくいただく。タカやフクロウなどの猛禽類ですと答える。たしかに、一対一で戦えばタカのほうが強いだろう。だが実際、タカが一羽に対し、カラスが数羽という構図が多く、そのような場合だとタカが逆にやられてしまう。しかしいずれにしても、タカからするとカラスは捕食対象であり、カラスからすれば十分警戒すべき相手であることは間違いない。

そこで、タカなどの猛禽類を模したカラス対策製品が多数販売されている。たとえば、タカの模型やカイト、猛禽類の目玉を模した風船などだ。天敵である猛禽類を模しているから本能的に嫌がるとうたっている。そもそもこれらの製品を猛禽類と認識しているのか？　われわれが本物のタカとは誤認しないように、賢いカラスであれば、模型を本物のタカとは思わないだろう。ましてや目玉を模した風船を、タカの目玉と騙されているとは考えにくい。そもそも目玉が落ちていたら、ただの食べ物だ。新鮮であれば、きっとカラスは食べるに違いない。カイトについては、飛ぶ姿が猛禽に似ていて、遠目に見ると一瞬勘違いすることもあるかもしれないが、近づけば本物でないことはすぐにわかってしまうだろう。しかしながら、設置直後はおそらく効果を発揮するに違いない。要するに「カカシ効果」である。数日経てば、ただのオブジェと化す。

実際の猛禽類を放ってカラスを追い払う鷹匠《たかじょう》のサービスがある。鷹匠の手から飛び立ったタカがカラスの群れに突入すると、カラスたちは蜘蛛《くも》の子を散らすかのごとく、四方八方へと飛び、パニック状態となる。これらのサービスを行なう鷹匠によると、何度もタカを放つことでその周辺にはカラスがいなくなるとのことだ。たしかに、さまざまな現場で実施されており、成果を挙げたという話も聞く。しかしながらこれは、季節変化による移動の可能性もある。カラスは季節によりねぐらなどの場所を変えるためだ。もちろん、タカを放ったことによりその移動が早まった可能性もあり、少なからず影響を与えているだろう。しかし、季節にかかわらずカラスが滞在するような場所では、鷹匠が来たときにはカラスはいなくなるが、帰るとすぐにカラスは戻ってきてしまうそうで、カラスが寄りつかなくなったという現場を私は知らない。カラスからすれば、実際のタカ（もしくは鷹匠）が来た時点で逃げればいいや、ということなのだろう。実際、鷹匠のサービスを行なう会社から、カラスには苦戦していると相談を受けたことがある。一時的に追い払えたとしても、鷹匠が帰るとすぐに戻ってきてしまうし、被害が減らないというクレームをお客さんからもらうらしい。対策としてはあまりうまくいっていないケースが多いようだ。

ちなみに、明治神宮にはオオタカが生息する。巣をつくり繁殖しているそうだ。だが、明治神宮はカラスのねぐらとしても有名な場所だ。これを考えると、タカが常にいるからといって、必ずしもカラスが寄りつかなくなるわけではないことがわかる。

カラスはヒトの視線が嫌い?

カラスは、人間のつくった環境を利用し溶け込む一方、ヒトに対し相当敏感だ。これは、都心に住む、または出勤する人は意外に思うかもしれない。カラスのすぐ横を通ってもまったく気にせずゴミを漁っており、カラスになめられていると感じる人も多いだろう。だが、一度ゴミを漁るカラスに熱い視線を向けてほしい。きっとカラスたちは、ゴミを突くのを止めたり、いったん近くの建物の屋上や電線などに移ったりするはずだ。多くの人は、カラスがゴミ漁りをしていてもチラッと見るくらいで、とくにカラスに対してアクションはしないだろう。また、朝の通勤時間帯は、近くを通るヒトの数も多い。それらの積み重ねにより、カラスはヒトを警戒すべき対象と認識しなくなり、すぐ近くを通っても、警戒行動を取らなくなるのだ。しかし、まれに変わった動きをするヒトがいると、すぐさまカラスの警戒レベルは引き上がる。

一方、郊外に行くと、極端にカラスとの距離が遠くなる。地方の人はよく、東京のカラスはでかいと言うが、これはヒトが近づいても逃げず、近くで観察できるためだろう。そもそもカラスはでかいのだ。都心や地方都市の繁華街などを除き、カラスに近づくことは難しい。カラスは野生動物であり、それが本来の距離感なのだ。

ところで、「カラス侵入禁止」という張り紙をすることでカラスが来なくなったという話は

図 2-4　富山市の看板

ご存じだろうか。これは、宇都宮大学(当時)の竹田努氏が考案した方法だ。もちろん、カラスが張り紙を読んで、素直にそれに従ったわけではない。付近を通る人がこの張り紙を見ることで、カラスに注目するようになることを利用した対策だ。カラスからしてみると、なぜかあの付近に行くと、ヒトが視線を向けてくる。ひとまず警戒しようと考える。カラスにとって執着の強い場所でなければ、寄りつかなくなることもあるだろう。人が少ない場所であれば、なおさら効果は高いはずだ。

同じような対策が富山市でも行なわれている。富山市の中心部に位置する公園がカラスのねぐらになっている。周辺の道路も含め、糞害などで悩まされているそうだ。その公園には、「カラスニ告グ　ココデ餌ヲ　食ウベカラズ」の看板がある(図2-4)。やはり、ヒトの視線をカラスに向け、少しでもカラスに警戒心を持たせようという対策だろう。どの程度の効果があるかはわからないが、少なくともねぐらが解消されるには至っていない。カラスがヒトの視線を気にするのは確かだが、カラスが警戒してその場から去るかどうかは、カラスの場所への執着心も関係してくるだろう。また、カラスがヒトと接する頻度も影響すると思われる。少したとえがずれているかもしれないが、常にヒトに見られる動物園の動物は、ヒトに対する警戒心が薄いのと同様ではないだろうか。ヒトに接する機会が多い場所であれば、カラスもヒトへの警戒心が薄れていると思われる。したがって、場所によっては、ヒトの視線の効果も弱くなってしまうと考えられる。

カラスは死体を恐れる?

カラスによる食害に悩まされる農家さんの間では、カラスの死体をぶら下げるという対策が行なわれている。死体をぶら下げることで、その場所が危険であるとカラスに思わせるという対策だ。ぶら下げたことにより、食害が軽減されるなど、たしかに効果はあるそうだ。効果の期間も数カ月続くなど、「カカシ効果」とは異なる効果がありそうだ。

この効果から、死体の模型などが売られている。しかし、模型では「カカシ効果」の域を出ない。視覚が優れるカラスにとって、模型を本物のカラスとは思わないのだろう。模型は黒一色に塗られている。しかし、実際のカラスをよく見ると、紫や青がかった色がある。それも見る角度により色が変わるタマムシのような色である。これはカラスの羽の微細な物理構造が織りなす構造色だ。CDの裏面などと一緒で、分光などによる発色である。紫外線も認識でき、色覚が優れるカラスが、黒一色の模型を本物のカラスと勘違いするとは思えない。

死体を吊るすことはカカシ効果以上の効果があるものの、死体もいずれは馴れてしまう。最初は、カラスもその場所が危険であると思い、近づかなくなるのだろう。だが、やがて危険がないことを察知する。カラスにも個性があり、警戒心が薄い個体もいるという話を前述したが、死体があっても気にせずに近づくカラスも、なかにはいるだろう。それを見たほかのカラスは、危険がないことを悟ってしまう。したがって、時間の経過とともに、徐々に効果は薄れてしまう。

カラスは銃が嫌い？

全国のさまざまな地域では、猟銃によるカラスの駆除が行なわれている。駆除による個体数の減少がもたらすカラス被害の軽減効果については第5章を参照してほしい。ここでは、猟銃による駆除がカラスに警戒を促すことによるカラス対策の効果を考えてみる。

前項にてカラスの死体に対する忌避効果を紹介した。しかし、言ってみれば、死体は事後の産物だ。賢いカラスであるからこそ、死体に対し、その前に起こったことを推測し、自身への危険を予測しているのかもしれない。まさに危険が迫る状況に遭遇するのが、カラスにとってはもっとも脅威だろう。その意味では、銃への忌避効果は高いと言える。銃によりカラスが撃たれる状況をカラスに見せることが、カラス対策では非常に効果的だ。実際、駆除二日目になると、ハンターのジャケットを見ただけでカラスは逃げ出す。しかしその結果、二日目以降の駆除数が激減するという。

猟銃による駆除が実施された地域では、その後カラスの数も減少したというデータもある。カラスに警戒を促し、追い払うという意味では、かなり効果が高い対策と言えよう。しかしながら、猟銃による駆除は、実施できる場所が限られる。もちろん市街地での実施は不可能だ。某市では、市街地の糞害に悩まされており、カラスを減らすため、郊外で猟銃による駆除を実施した。その結果、郊外のカラスたちが市街地に押し寄せ、糞害が悪化したという例もある。

コラム2

カラスの四季

春は、カラスの子育てシーズンである。二月ごろ巣をつくったカラスは、三月ごろ卵を産む。これらの営巣・産卵の時期は、地域やペアによって異なり、遅ければ五月ごろまでずれることもある。繁殖期の親ガラスは大変だ。営巣時期は巣づくりに忙しい。巣材を探し、くわえて巣の場所に運んで、巣をつくる。営巣後は、卵を産み、二〇日ほど抱卵すると、ヒナがかえる。ヒナは大きな鳴き声で親に餌をねだり、その鳴き声に脅迫されているかのごとく、親ガラスはせっせと餌を運ぶ。

春から夏にかけて、すくすく育ったヒナは巣立ちをするが、親元を離れるわけではない。巣立ち後もしばらくは親ガラスの縄張り内で親とともに過ごす。この時期はヒナへの教育期間である。飛び方や食べ物の取り方などをヒナに教えるのだ。しかし、ヒナは呑気《のんき》なもので、疲れたら、歩道などでも平気で休む。親からしたら気が気でない。その後、体格は親と遜色ないくらいに成長するが、七月くらいまでは親子で過ごす。その間もヒナは親に餌をねだり続けるが、だんだん親も無視するようになり、仕方なく、ヒナは自分で食べ物を探すようになる。そして独立していくのだ（QRコード③）。

③

さて、これが繁殖を行なうカラスの春と夏であるが、繁殖をしないカラスも存在する。宇都宮大学の青山真人氏らが発表した論文では、生まれた翌年の春でもカラスは性成熟しておらず、生理的にもまだ繁殖できないことがわかっている。これら若いカラスたちは縄張りを持たず、当然巣はつくらない。起きたら食べ物を探し、夕方ねぐらに戻る、その繰り返しの生活だ。若いカラスは集団で過ごす姿がよく目撃される。この時期にゴミステーションなどに一〇羽近くでたむろするカラスたちは、若いカラスであることが多い。ちなみに集団ねぐらのなかには、若いカラスのほかに成鳥も多く含まれることが知られている。それらの個体は性成熟しているにもかかわらず、縄張りを持たない。つまりすべての成鳥が繁殖活動を行なうわけではないのだ。

夏から秋にかけて、ヒナたちは親元を離れる。そして、さきほどの繁殖をしないカラスたちのねぐらに合流する。また、子育てを終えた親ガラスたちも縄張りを解消し、これらのねぐらに合流するペアもいる。そのため、ねぐらの規模は徐々に大きくなる。秋から冬にかけては、ねぐらに集まるカラスの数が増えることから夏までのねぐらに収まらないのか、ねぐらを移す。もしくは、樹木の落葉や餌場の環境変化などもねぐらを移す要因かもしれない。

冬、カラスをはじめ、野生動物にとっては厳しい季節である。多くのカラスが餓死する。よく、カラスの死体を見ないのはなぜか、という質問をいただくことがある。これは、あまり人が立ち入らないねぐら近くなどの場所で死んでいることが多いからなのかもしれない。カラスは共食いをするので、ねぐら近くであれば、ほかのカラスの食べ物になるだろう。また、人目につく場所であれば、気持ち悪がられ、すぐに死体が撤去されてしまうに違いない。これがカラスの死体をあまり目撃しない原因だろう。ちなみに私はよくカラスの死体を目にする。早朝、カラスがいそうな場所によく出没するからだ。

ちなみに、繁殖を行なうカラスにとって、冬から春にかけては縄張り形成の時期でもある。よりよい場所を縄張りにすることが繁殖を成功させる鍵になる。そのため、より条件がよい場所での縄張り争いは熾烈《しれつ》だ。なかには、秋に縄張りを解消せず、そのまま縄張りを維持しているペアもいる。ほかのペアによい縄張りを盗られないためである。よい縄張りの条件は、食べ物が十分に確保できる、営巣にふさわしい樹木などがある、周りを見渡しやすい、水場が近いなど、いろいろあると思われる。縄張りを確保したあとは、その縄張りの中でも営巣にふさわしい場所を決め、繁殖シーズンに突入する。

第3章

カラス被害はこう防げ

前章では、既存のカラス対策の効果について、カラスの生理・生態を踏まえて解説した。では実際にカラス被害をどう防げばよいのだろうか。第1章にて解説したとおり、被害現場ごとにカラスが飛来する要因は異なる。そのため、被害現場によって適切な対策は変わってくるだろう。そこで本章では、それぞれの被害現場ごとの具体的な対策方法について紹介したい。

一 「カカシ効果」をうまく使おう

多くの被害現場で有効な対策がある。それは「カカシ効果」を使った対策だ。前章を読んだ方は、「カカシ効果」は一時的な効果しかないのでは、と首をかしげるだろう。そう、一時的にはいい、いい、いい、は効果があるのだ。その一時的な効果はかなり実用性が高い。

対策グッズは何でもよい

では、「カカシ効果」を使った対策には、何を使えばよいか？　乱暴に言えば、何でもよい。カカシでもよいし、ＣＤをぶら下げるだけでもよい。もちろん、ホームセンターで手に入る対策製品でもよい。効果を発揮する期間に多少の違いはあるだろうが、いずれも一時的な効果を発揮する。

カラスの生理・生態を考慮するならば、見た目が目立つ物のほうがよいだろう。カラスは視覚が優れるためだ。とくに色覚が優れるため色を考慮する必要がある。しかし、特別この色の効果が高い、ということはない。重要なのは、対策品と背景とのコントラストだ。コントラストを考えるうえで、カラスが見る位置を考慮しなければならない。天井からぶら下げた対策品は青空を背景にすると目立つかもしれないが、それは人の視点である。上空を飛ぶ、または、樹上に止まるカラスから見ると、背景は空ではなく、地面や対策品を置いた周囲にある物が背景となる。果樹園を想定した場合、背景は土や樹木であり、それらとはできるだけ異なる色の対策品を置いたほうがカラスには目立つ。

また、動きにも敏感である。警戒心の強いカラスは常に周囲を伺っている。風に揺れ動くCD、風車、バネ、風船、カイトなどの対策品はカラスの注意を引きつける。とくに、不規則で大きな動きであると、より用心する対象となるだろう。なるべく目立つ場所、そして風の影響を受けやすい場所に置くのがお勧めだ。

見た目の脅し以外に音による対策も「カカシ効果」を引き出す。音の場合、「カカシ効果」というよりは、まずは音そのものにびっくりし、飛び立つ。キッチンタイマーや目覚まし時計など、いきなり音が出るタイプの刺激であれば、はじめて再生した際はとくに効果が高い。その後しばらくは、音が鳴っていなくても用心して飛来しなくなるといった「カカシ効果」が発動される。

ここで注意することがある。常に音を出し続けてはいけない。ラジオや音楽なども追い払い効果は期待できるが、連続して音を流し続けるとすぐに馴れが生じてしまう。音を止めても「カカシ効果」が発揮されるので、カラスは用心してしばらくは近づかない。インターバルを置くことが、かえって効果を持続させることになる。電源が入ると自動で音声が再生されるプレーヤーと、電源のオンオフをプログラムできるタイマーを使って、たとえば、三〇分に一回、二分程度音楽が再生されるといった使い方をすれば、「カカシ効果」を長期的に持続させることも可能かもしれない。

また、音量にも注意が必要だ。音は音量次第では遠くまで届く。そのため、大音量で音を流してしまうと、本来守りたい場所以外でもカラスは音を耳にすることとなる。音を聞く機会が多ければ多いほど、その音に対しカラスは馴れやすくなる。音量が大きければ大きいほど音を耳にする機会は増え、結果としてすぐに馴れてしまうのだ。爆音機がすぐに馴れてしまうのはそのためである。郊外の畑などでは、プロパンガスを爆発させた際の音で追い払う爆音機がよく使われるが、使い始めは効果が高いものの、すぐに効果は見られなくなる。遠くからも何度も音を耳にすることで、たとえ爆音でも馴れてしまう。音量調整のコツとしては、守りたい場所のみで音が聞こえるよう調整することである（図3－1）。屋外などの開放空間だとなかな

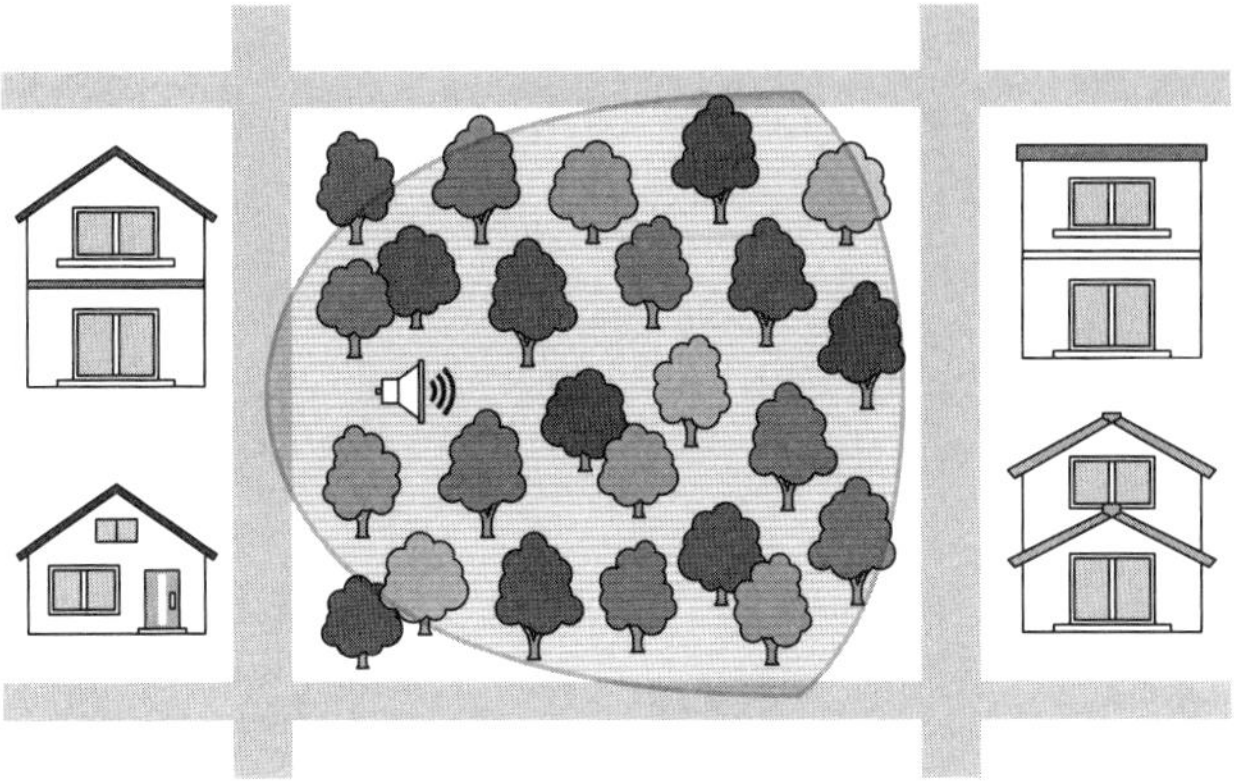

図 3-1 守りたい場所のみ音が聞こえるように。中央の網掛け部分がスピーカーから発せられる音声が届く範囲。

か難しいが、閉鎖空間であれば、守りたい場所にカラスが侵入したときのみ音が聞こえるよう、スピーカーの位置や向きも工夫することで、より長期的な効果が期待できる。

最適な音量は、現場により異なるため、現場での確認が必要だ。車通りが激しい場所であれば、音量を大きくする必要があるし、逆に閑静な住宅街などであれば音量を絞る必要がある。それら現場の環境音の大きさを考慮し、音量の調整が必要となる。また、音は周囲の木や建物などによって反射・吸収される。構造物や樹木で囲まれた場所であれば音は届かないが、樹高の低い田畑などであれば、遠くまで音は通る。なお、音の調整を行なううえでは、カラスの聴力を踏まえた調整をしなければならない。幸運なことに、カラスの聴力はヒトの聴力と近いと考えられる。われわれの耳で聞こえなければカラスにも聞こえていないと考えてよいだろう。そのため、現場にて実際に音を確認しながら音量調整を行なえばよい。

「汎化」に注意

さて、「カカシ効果」を使った対策を行なううえで、さきほど紹介した視覚および聴覚を刺激する対策品をそこら中に並べればよいか？　それは「汎化《はんか》」を招くことになり、その後の対策が困難となるため、もっとも注意しなければならない。ここでいう「汎化」とは、似たようなさまざまな刺激を繰り返し提示すると、はじめて提示する類似した別の刺激に対しても、すでに馴れが生じた刺激と同様の反応を示すことを指す。カラス対策で言えば、これまで使っていた対策品の馴れに伴い、新しい対策品の設置を何度か繰り返したあとに、カラスにとって初見の対策品を置いても、その直後から追い払い効果が発揮されない状態のことである。

汎化が起きる状況について、カラスの気持ちになってみるとこうだ。はじめは見慣れない物があるため、とりあえず近寄らないでおこうと用心する。これがカカシ効果だ。しばらくすると、とくに警戒すべき対象ではないと判断する。これが馴れた状態だ。そこで新たな対策品が置かれると、また何かあるぞと思い、ふたたび用心する。そしてまた時が経ち、警戒は不要と思う。それが何回か続き、さまざまな対策品が溢れた状態になると、あの場所にはいつも変な物が置かれているが、あれら変な物は結局安全だと学習してしまい、結果として新しい対策品を設置しても効果がなくなってしまう。つまり、汎化の状態となるのだ（図3－2）。

では汎化を起こさないためにはどうすればよいか？　これは実害を伴わない対策では難しい。たとえば、猟銃による駆除の現場に居合わせたカラスは、猟師の着るオレンジのジャケットを着たヒトが近づいただけで逃げていくということが長期間続く。このように実害と紐づくものに対しては、猟銃駆除の際の経験が、あの類のものは危険だと学習するため、汎化は起きにくい。しかし、実害のない「カカシ効果」では、いずれは汎化を起こしてしまう。その意味では、期間限定の対策と考えたほうがよい。ここ一番カラス被害を防ぎたいとき、たとえば収穫期などのピンポイントで使用するのがお勧めだ。

図 3-2　カカシ（写真奥）、カラスの模型（写真中ほど）、風車（写真手前）が置かれて、汎化が起きてしまったと思われる家庭菜園

では、汎化が起こりにくくするにはどうすればよいか。それは、カラスが馴れた時点で対策品を撤去することである。馴れたとしても少しは効果を期待してしまうものだが、もともとカラスは対策品を生理的に嫌がって近づかなかったわけではないので、馴れてしまった対策品は意味をなさない。意味をなさないどころか、複数のさまざまな刺激が同時に提示されることで、汎化を招きやすくなる。たとえば、音による刺激や光による刺激、動きによる刺激など、さまざまな刺激が同時に提示されると、あの場所にある怪しい刺激全般

は用心する必要のないものとカラスは判断してしまう。馴れた時点で対策品を撤去し、新たな対策品を置くことが汎化を起こしにくくさせるコツと言える。

ちなみに、この汎化を起こしにくくするため、私が代表を務めるCrowLabが提供するサービスでは、カラスが日常的に使う警戒時の鳴き声を対策に使っている（第4章参照）。カラスはちょっとしたことでよく警戒の鳴き声を発するが、その際に実際に危険な目に遭うことがあり、この鳴き声を聞いたときは用心しなければならないと学習するため、汎化が起きにくいのだ。それにより、効果を長期間持続させることが可能なのだ。

状況によっては持続しない「カカシ効果」

この「カカシ効果」を対策に利用する場合、カラスの馴れに伴い、新たな対策品に交換する必要があることを前述した。では、そもそも「カカシ効果」はどの程度持続するのだろうか。その疑問を解決するため、愛知県農業総合試験場と共同で試験を実施した。

試験は二〇二二年の一一月一一日より実施した。まず、愛知県農業総合試験場内の建物屋上に、カラスを誘引するためのドッグフードを毎日午前と午後の二回撒いた。二〇日間程度繰り返し、カラスの飛来が安定的に確認されたところ、カラスにとって目新しく感じると思われる新奇物を設置した。新奇物として、ポリタンク、プラスチックポット、テグス、CD（テグスに取り付けた）の四種類を用意し、この順番で一種類ずつ設置し、カラスの採餌が確認された一

〜二日後に次の新奇物へと交換した。その結果、いずれも最初は警戒と思われる行動を示したものの、ドッグフード設置後からカラスの採餌が確認されるまでの時間は、ポリタンクで五六分後、プラスチックポットで四五分後、テグスで一時間五一分後、CDで二六時間四分後であった。

この結果を聞いたとき、私は落胆してしまった。思っていたよりも効果の持続期間が短かったからである。まさか一日も持続しないとは思わなかった。これでは現場で使うことは難しい。カラス被害に困っている農家さんに、対策品をどのくらいで交換すればよいかを聞かれて、一時間で交換してくださいとは流石に言えない。

しかしながら、実際の被害現場では新奇物の「カカシ効果」が長続きしていることは事実である。たとえば、ある地域のナシ園では、多数のカラス被害が例年起こっていた。そこで、ある農家さんがカカシを置いたところ、被害がほとんどなかったという。ただ、この農家さんは熱心で、一週間程度の頻度でカカシの位置を変えたり、カカシのTシャツを着替えさせたりしたそうだ。また、ある地域のリンゴ園ではカイトを設置したところ、その年は被害がなくなったそうだ。

では、先の試験において、「カカシ効果」が長続きしなかったのはなぜだろうか。ひとつは、時期の問題があるだろう。冬になるとカラスの食べ物は極端に少なくなる。そこで、簡単に栄養価の高い食べ物が手に入る餌場は、カラスにとってはとても魅力的なはずだ。魅力的な餌場ではやはり実害のない「カカシ効果」の効果は低いと言わざるを得ない。

また、選択肢がほかにないということも理由のひとつだろう。先の農家さんの例では、ほかに選択肢はいくらでもあると言える。同時期に同じ地域で同じような作物がいっせいに実り、カラスは選びたい放題だ。少しでも怪しいと感じた餌場に行く必要はない。じつは先のリンゴ園のカイトの話だが、その効果が話題となり、翌年にはその地域のほとんどのリンゴ園がカイトを導入したそうだ。その結果、地域全体でのカイトの効果がなくなったという。これはまさに、選択肢がほかになくなったために「カカシ効果」がなくなった例と言えるだろう。

ここで、先の試験でCDがもっとも長時間効果が持続したことに注目したい。一日しか効果が持続しなかったものの、ほかの新奇物と比較すると格段に「カカシ効果」が持続している。これは、不規則な動きと視覚への刺激ではないかと推測する。風に揺られ不規則に動くことに加え、キラキラと光を反射することが、カラスの警戒心を煽ったと考えられる。また、同様の物がほかにない、まさに新奇物である点が重要と思われる。ポリタンクやプラスチックポットなどは、ほかでも目にする機会があるのかもしれない。先のリンゴ園のカイトの話にあるように、同じ物がいたるところにあり、新奇物でなくなってしまった時点で「カカシ効果」が発動されないということなのだろう。

「カカシ効果」を利用した対策は、簡便なカラス対策と言えるものの、残念ながら、状況によってはその効果は短命であるようだ。過度な期待はできないし、カラスにとっての目新しさを常に見せなければならないなど、工夫も必要だ。

二　ゴミ荒らし防止マニュアル

続いて、それぞれの現場ごとのカラス対策について紹介していこう。まずは、多くの方にとってお悩みのゴミ集積所での対策である。

ネットの上手な使い方

ゴミ集積所でもっともポピュラーな対策は、ネットだろう。ネットはきちんと使用すれば、とても有効な手段である。しかし、図3－3のように、ネットからゴミがはみ出していたら意味がない。そもそもゴミの量が多い地区や、ゴミが大量に捨てられることが予想される年末の大掃除のあとなどは、一枚のネットではカバーしきれない。ゴミ集積所の広さや出されるゴミの量に応じて、ネットを複数使用し、ゴミ袋がはみ出ないようすべてをネットで覆うことが必須である。

また、ネットもしばらく使っていると劣化し、破れてしまう（図3－4）。穴の空いたネットはまったく意味がなく、これでは、カラスからゴミを守ることができない。一刻も早く新品のネットに交換する必要があるが、破れたネットも活用の途はある。さきほどのように一時的に

図3-3　ネットからはみ出したゴミ

図3-4　破れたネット

大量にゴミが出たときなどのサブとして、もしくは二枚を重ねて使用することをお勧めしたい。

たとえネットでゴミ集積所全体をカバーできていたとしても、カラスに狙われてしまう。カラスは器用に嘴でネットを持ち上げるのだ。そこで、石などで重しをすることが重要だ。図3－5は、愛知県のとあるゴミ集積所で撮影した写真だが、コンクリートブロックに取手を付けた重しを自作されていて、とても感心した。単なる石やコンクリートブロックだと持ち運びしづらく、移動させるのが億劫《おっくう》になってしまうが、取手を付けることで持ち運びしやすくなるため、ゴミ集積所の利用者がネットに重しをすることのハードルも下がるはずだ。

ちなみに、重しは水が入ったペットボトルでもよい。石やコンクリートブロックは、ネットに擦《こす》れ、劣化を早めてしまう可能性がある。その意味では、ペットボトルのほうがよいかもしれない。

　また、栃木県某所のゴミ集積所では、落ち葉や剪定《せんてい》後の木の枝などを入れた、食べ物の入っていないゴミ袋を重しにしていた（図3－6）。ネットの外を食べ物が入っていないゴミ袋で囲うことで、ネットの重しとするだけでなく、食べ物まで到達させない、という役目も果たしている。また、ネットで覆うべきゴミ袋の量を減らし、確実にネットで覆うことにも貢献できている。ネットが擦れないという点においても有用だろう。

　しかし、カラスの中には、過去の記憶を頼りに、ゴミ袋には美味しいものが入っているはずと、中身を見ずに突くカラスもいるだろう。資源ゴミの日でも突かれてしまうのはこのためだ。残念ながら、このようなカラスに狙われた場合には、食べ物が入っていないゴミ袋が荒らされてしまうことがある。

図 3-5　ネットの重し

　重しは非常に重要であるが、ゴミ集積所を利用するすべての人がゴミを出すたびに重しをしなければ、すぐにカラスに狙われてしまう。出勤前のゴミ出し担当のお父さんからすれば、いちいち重しをするのは億劫に違いない。
　そこで、図3－7のように、ネットの端に鎖をつけることをお勧めしたい。鎖を重しとするのだ。タイラップなどでネット

図 3-6　食べ物が入っていないゴミ袋を重し代わりに

と鎖を固定するとよいだろう。こうすれば、カラスはネットを持ち上げることはできない。億劫なお父さんもネットさえかぶせてくれれば、自動的に重しもセットされる。また、ブロックなどの重しだと、重しと重しの間を狙われることがあるが、端全体が重いネットであれば隙間も生じない。

重しの話に加え効果的なのは、ネットとゴミ袋の間にスペースを設けることだ。スペースを設ければ、カラスはそもそもゴミ袋にアプローチできない。では、どのくらいスペースを空ければよいのだろうか？　カラスの嘴の長さは、嘴の大きいハシブトガラスで七センチメートルくらいある。ネットは伸縮性があるため、網目に思い切り嘴を突っ込まれることを想定すると、一五センチメートルくらいはスペースがあったほうがよいだろう。

しかし、どうしてもゴミ袋とネットが密着してしまう。そこで、ネットを支える物を置いて、ネットとゴミ袋の間にスペースをつくることを提案したい。たとえば、図3－8のように、工事現場などで使われるカラーコーンとポールなどを用いるのはどうだろうか。四隅にそれぞれ一個ずつカラーコーンを置き、ポールで囲うなどして、その枠の中にゴミ袋を収めるように置けば、カラスも突けない。もちろん、ネットには石などで重しを置くことを忘れてはいけない。

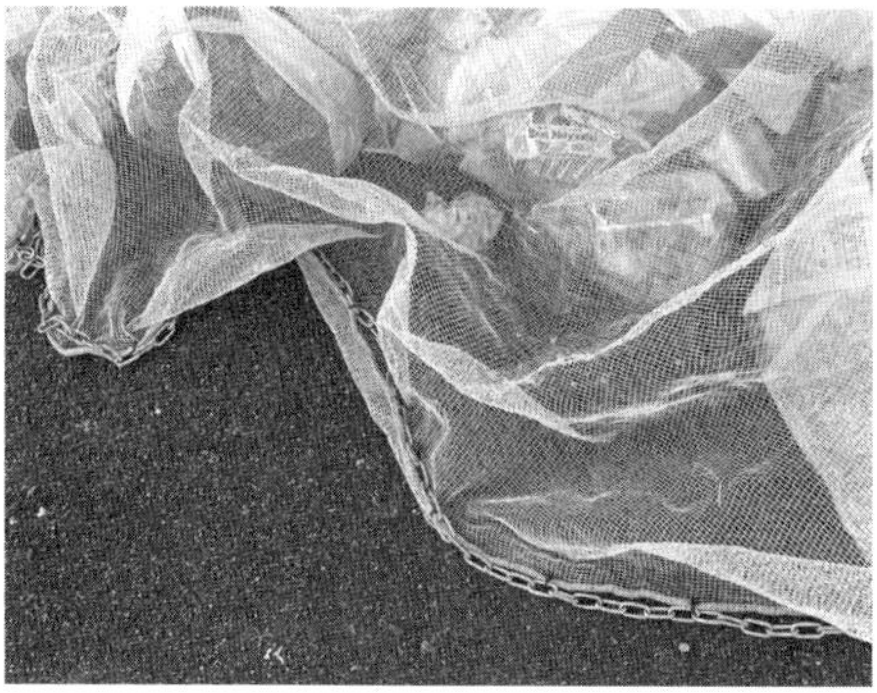

図 3-7　ネットの端に鎖

図 3-8　スペースを設ける

図 3-9　荒らされたゴミがカラスを呼ぶ

荒らされたゴミを放置しない

一羽のカラスがゴミ荒らしをしている時間は意外と短い。カラスは警戒心が強く、ヒトや自動車の接近、何かの物音に気づくたびに、近くの電柱などへ避難するためだ。カラスは、ヒット・アンド・アウェイでちょこちょこ食べ物を取っていく。少しほじくっては、引き出して一部を持ち去る、ということを繰り返すので、結果としてゴミがとにかく散らかる。

一方、ゴミ袋から食べ物を取り出すことは、カラスからすると面倒である。図3－9のように、すでにゴミが散らかっていてほじくる必要がなければ、そちらを狙う。そのため、一度荒らされてしまうと、よりカラスに狙われやすくなる。カラスに荒らされないことも必要だが、それを放置しないことも必要だが、それを放置しないこともさらに重要である。また、ネコなどほかの動物に荒らされ、散らかされてしまうことにも気を配ったほうがよい。

図3－10は愛知県某所の早朝の様子である。朝方にこのような大群を見ることは珍しい。しばらく周辺を歩き回っていると原因がわかった。どうやら、カラスに餌をあげている人がいたようだ。ある一角に行くと物凄い数のカラスがおり、その場には、大量の残飯が無造作に置か

れていた。餌付けの跡である。図3－10の写真を撮影したときにはまだ餌はなかったが、あたりのカラスは餌をもらえることがわかっており、待ち構えていたようだ。

このように、カラスは食べ物がある場所を覚える。そして、簡単に食べ物を得ることができる場所があれば、そこは毎朝のカラスの巡回ルートとなる。また、カラスは、群れが群れを呼ぶ傾向もある。ツヤツヤの健康そうなカラスがいれば、あいつはよい餌場を知っているな、とほかのカラスが追跡しているかもしれない。その結果、カラスの大群を招く餌場となり、対策が困難な場所となってしまう。カラスのゴミ荒らしを防ぐうえで重要なことのひとつは、簡単に食べ物にありつける場所だとカラスに認識させないことである。

図3-10　某所にて、朝集まるカラス

その意味でも、前述のように荒らされたゴミを放置しないことは重要である。いちいちゴミ袋を破らなくても簡単に食べ物にありつける状況は、カラスにとってはとてもよい餌場と認識される。ゴミがよく荒らされている場所は餌付けしているのと同じと考えてもよいだろう。

図3-11　下50 cmくらいを防御

ゴミ袋の下部を守る

カラスはゴミ袋にアプローチする際、上空から食べ物目がけて一直線にゴミ袋に降り立つわけではない。人が近くにいないかあたりを警戒し、狙うゴミ袋の近くに降り立つ。その後歩いて近づき、ゴミを突く。そのため、下のほうを突かれることが多い。図3－11のような収集庫でも網目の間から食べ物をほじくられることがあるが、その場合も収集庫の下部を突かれる。そこで、イラストのように、下から五〇センチメートルくらいをアクリル板などで覆ってしまうと、カラスは手出ししにくくなる。

ゴミ収集庫でも要注意

ゴミ収集庫でも荒らされてしまうことはある。それは、図3－12の左のようにスペースに余裕がなく、パンパンの状態にゴミ袋が入ってしまっているときだ。収集庫の網目にゴミ袋が接してしまっていては、カラスに突かれ、中身をほじくられてしまう。ゴミ袋が網目に接しないよう、ゴミ収集庫は余裕のあるサイズの物が望ましい。これは、先に紹介したネットにスペースを設ける話と同じ理屈で、カラスの嘴が届かないよう、ス

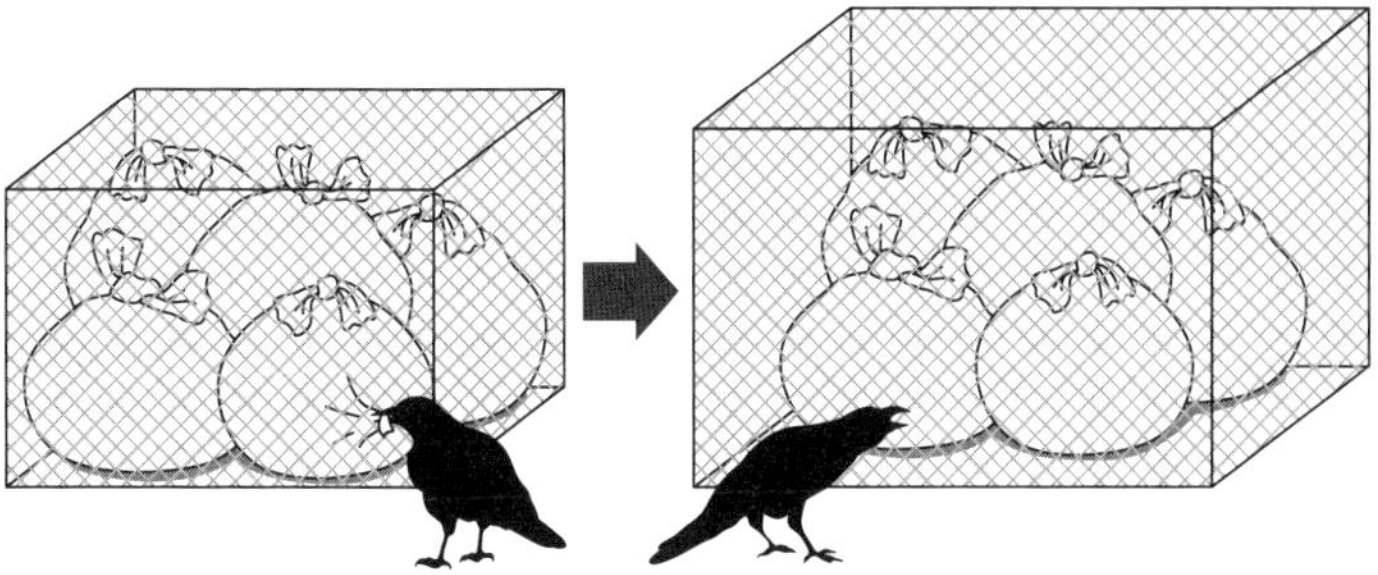

図 3-12　ゴミ収集庫は余裕のある大きさに

ペースを設ける必要がある。収集庫の素材に伸縮性がなければ八センチメートル程度、伸縮性があれば一五センチメートル程度スペースを設ければ守れるはずだ。

金属製のゴミ収集庫は、いかにも鉄壁の守りに見える。たしかにカラスからの防御力は非常に高い。しかし、こんな例もある。図3－13は、栃木県の某自治会が導入した折りたたみ式のゴミ収集庫である。この自治会では、騒音や糞害など、長らくカラスの被害に悩まされてきた。カラスを寄せつける要因がゴミだと考え、カラスを寄せつけないため、一大決心をしてゴミ収集庫を購入した。折りたたみ式で場所もとらない便利なゴミ収集庫である。鉄壁の守りと思われたこのゴミ収集庫だが、導入直後、荒らされている形跡があった。なんと、図3－13の矢印の隙間が狙われたのだ。おそらく、このゴミステーションは長くカラスの餌場になっていたと思われる。ゆえにカラスの執着心が強く、執拗《しつよう》に狙われたのだろう。少しでも隙間があれば、そこに嘴を突っ込んでゴミを引っ張り出す可能性がある。このような隙間がある場合、食べられない物ばかり入っているゴミ

図 3-13　折りたたみ式ゴミ収集庫の隙間

袋を隙間の近くに配置し、カラスにとって魅力的な食べ物が入ったゴミ袋は隙間の近くに置かないといった工夫が必要だ。

ゴミの中身を見せない

カラスの優れた視覚を考慮すると、図3-14のようなゴミの出し方は要注意だ。大好物の肉などが目立つところにあれば、餌付けしているようなものである。このようなカラスのご馳走をゴミに出さないことが第一だが、どうしても出さなければならない場合はどうすればよいか？　カラスは視覚が優れる一方、嗅覚は鈍い。食べ物を目で見つけて探している。そのため、新聞紙などで包んで見えなくする、というのが簡単な方法だ。

では、ゴミ捨て場にゴミを出しに行ったときに、ほかの人のゴミが図3-14のように出されていたらどうすればよいだろうか。さすがに袋を開けて新聞紙で包むわけにはいかない。そんなときは、カラスが取りやすい手前から奥へと袋の位置を変えるだけでも効果がある。できればクルリと向きを変えて、とにかくカラスに食べ物を発見させないようにすれば、より荒らされるリスクは減るだろう。

図3－15は佐賀市の例である。ゴミ袋がブルーシートで覆われている。しかもネットも併用し、二重の防御である。ブルーシートで覆うことで、カラスにはゴミの中身が見えない。食べ物を発見することができないため、突かれるリスクは相当減る。また、なぜかカラスはポリエチレンなどの素材が好きで、ブルーシートなども突いて穴を開けることがあるが、この場合、ネットを併用していることで、それも防いでいる。おまけにブロックでしっかり端を抑えることで、下からの防御も完璧だ。

図 3-14　目立つご馳走

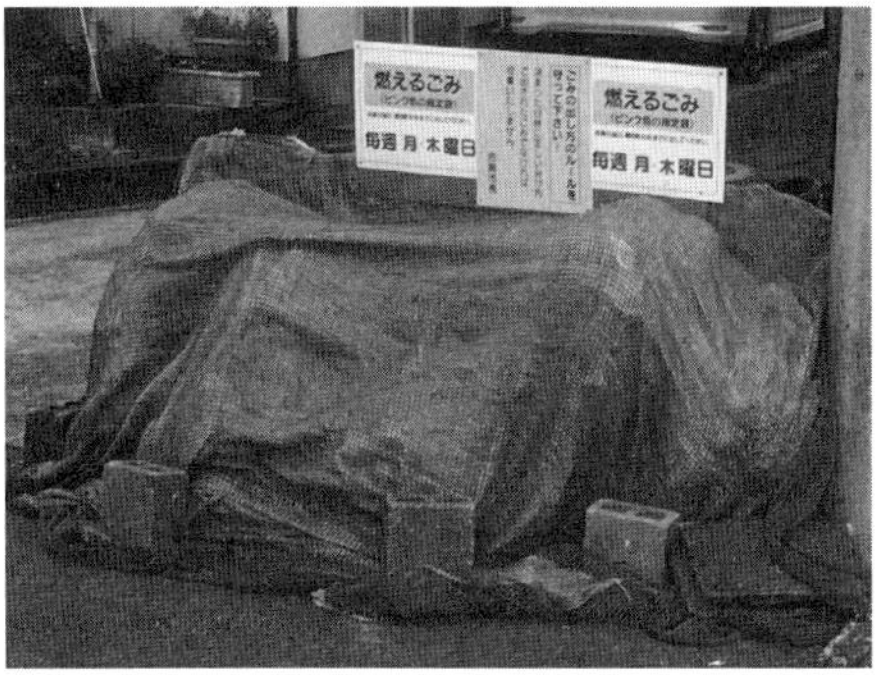

図 3-15　ブルーシートで覆われたゴミ

デメリットとしては、やはり毎回ブルーシートを持ち上げて出さねばならず、手間が増えるというところだろう。また、雨の日は水がたまり、風の強い日は風でシートが飛ばされてしまうこともあるだろう。このような手間を惜しまず工夫されているこのゴミ集積所では、自治会の方のカラス対策への強い熱意を感じた。もちろん、自治体によりルールがあるため、ブルーシートを使うことは難しい場所もあるだろう。しかし、あまりお金をかけずにできる対策であり、住民の方の理解があればすぐに導入できる対策と言える。

やはりゴミの出し方が肝心

カラスが恐れているもの。そのひとつがわれわれヒトである。カラスはとても警戒心の強い動物で、カラスに視線を送るだけで逃げていくので、ぜひやってみてほしい。私のようにカラスに関心がある人間の熱視線には敏感に反応し、警戒する。そこで、住民のカラスに対する意識を高めることがカラス対策につながる。自治会の集会などで、ぜひ議題に上げ、常日頃からカラスに対する監視の眼を光らせてほしい。住民の多くがカラスに視線を向けることで、カラスの警戒心を刺激し、近寄らなくなる効果が期待できる。前述した「カラス侵入禁止」の張り紙の例がまさにそれで、たとえば、ゴミ集積所に「カラス監視中」などと張り紙をするだけでも、住民の意識も変わるだろう（図3－16）。副次的に、住民のゴミの出し方も改善され、さらなるカラス対策につながるに違いない。

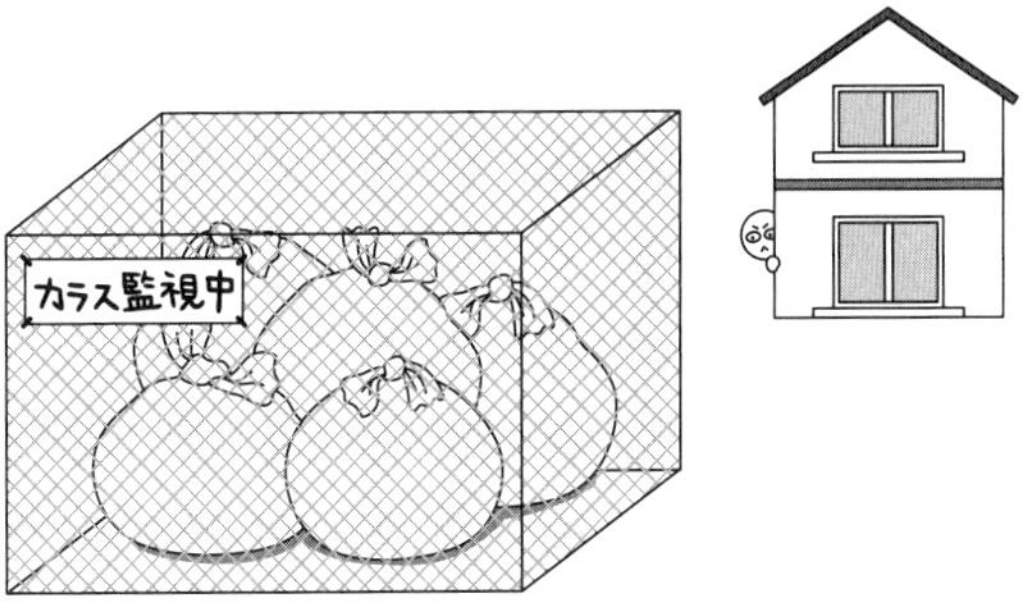

図 3-16　住民のカラスに対する意識を高める張り紙

さまざまな対策をしても、ゴミの出し方が悪ければ結局荒らされてしまう。ある自治体からの依頼でゴミ荒らしの対策の実態調査をしていた際、ちょうどゴミを出しにおじさんが現れた。雨が降る中で傘を差し、片手で大きなゴミ袋を持ってきた。ネットを持ち上げゴミを中に入れると、申し訳程度にネットを戻し、そそくさと去っていった。雨が降っていて面倒臭いということもあったのかもしれない。おじさんのゴミ袋は頭隠して尻隠さず状態。それまですべてのゴミ袋がネットに覆われ、カラスの攻撃からしっかり守られていたゴミステーションは、一人のおじさんの登場により、ダムが決壊するかの如く、カラスに突かれ始めるのであった。

結局のところ、カラスのゴミ荒らし問題は、ヒトのゴミの出し方問題とニアリーイコールなのだ。そうであれば、ヒトのゴミの出し方を変えることが重要だ。そこで、ナッジの専門家の糸井川高穂氏（当時は宇都宮大学助教）とタッグを組んだ。ナッジの手法を使うことで、ヒトのゴミの出し方の改善を図る。ナッジとは、肘《ひじ》で突くことを意味する行動経済学

この、ごみ集積所は
近隣住民で協力して
キレイに管理・運営
しています。
近隣住民ではない
他の方のご利用は
お断りします。
すき間あると
カラスつつくんだよね・・・
すき間つくらないで欲しいな・・・

図 3-17　足立区で設置されたゴミ出し改善のためのポップ

の理論で、強制することなく、行動を誘導する手法である。男性ならわかるだろうが、小便器に貼られた的のシールをついつい狙って小便をすることで、小便の飛び散りを防ぐなどはナッジの仕掛けとして有名だ。

二〇二三年の七月より、東京都の足立区にて試験を行なった。足立区では、それまでもカラスパトロールと称し、ゴミステーションを回り、ゴミ出しの悪い場所に注意のビラを配るなど、かなりの努力を行ない、改善を図っている。一部は改善されたものの、なかなかゴミ荒らしは減らないという。糸井川氏によると、ビラを見たときにはよいがすぐに忘れてしまうので、行動変容を促したいタイミングで目にしないとあまり効果は現れないそうだ。そこで、図3-17のようなカラスを意識させるポップ、理想のゴミの出し方のポップなどをゴミのネットに括りつけることで、それらの試験区においてカラス被害が減るかどうかの検証を始めた。その結果、ポップを設置したゴミ集積所の近隣住民へのインタビューによると、ゴミの出し方が飛躍的によくなったなどの回答が得られた。

足立区の別の試験区では、第4章で紹介するCrowControllerも設置した。設置後、住民の話を聞くと、こんなにゴミが綺麗に出されているのは珍しいという。CrowControllerからは、カラスの鳴き声が再生される。嫌でもカラスを意識するだろう。カラスを意識することで、住民のゴミの出し方がよくなったようだ。結果、カラスによるゴミ荒らしも減ったようである。

とにもかくにも、カラスのゴミ荒らしを防ぐには、ゴミの出し方が重要である。カラスにゴミを突かせない努力をするよりは、言葉も通じるヒト側をなんとかするほうが楽ではなかろうか。

三　農作物被害を防ぐには

次に年間一三億円もの被害を発生させる農作物被害の対策について紹介しよう。大規模な農地から個人で趣味がてら営む家庭菜園なども、基本的には同様に考えてよい。

カラスの侵入をどう防ぐ？

農作物被害を防ぐには防鳥網で農地全体を覆ってしまうのがもっとも効果的である。しかし、お金や労力など、そこまでのコストをかけることができない場合が多いだろう。そこで、お勧めなのが、農研機構が紹介する「くぐれんテグス君」だ。設置方法は農研機構が公表しているマニュアル（QRコード④）で丁寧に紹介されているので、参考にしていただきたい。これは果樹園を想定しており、果樹園の側面を外周囲いと防鳥網で守り、天井部にテグスを張る。農研機構によると、この方法で三〇アールの果樹園に設置した場合の資材費は一二万円程度であり、固定型防鳥網の一〇分の一以下になるとのことである。また、弾性ポールの先端にテグスを結びつけて張っていくことで、脚立を使わずに高所にテグスを張ることが可能となり、労力も軽減する。なお、この方法では、テグスの間隔を一メートルで張ることを推奨している。もちろん、テグスの間隔は狭ければ狭いほどカラスは侵入しにくくなるが、そのぶんコストがかかる。一メートルとするのは、カラスが左右の翼を広げたときの長さが一・四メートル程度で、また、翼に物が当たるのを嫌がるためである。気流を敏感に感じ取る翼はとても鋭敏な感覚を持つと考えられる。一メートル間隔でテグスを張っていれば、カラスが翼を広げて降下してきた際、鋭敏な翼に触れる可能性があることから、侵入を避けるの

④ ⑤ ⑥ ⑦

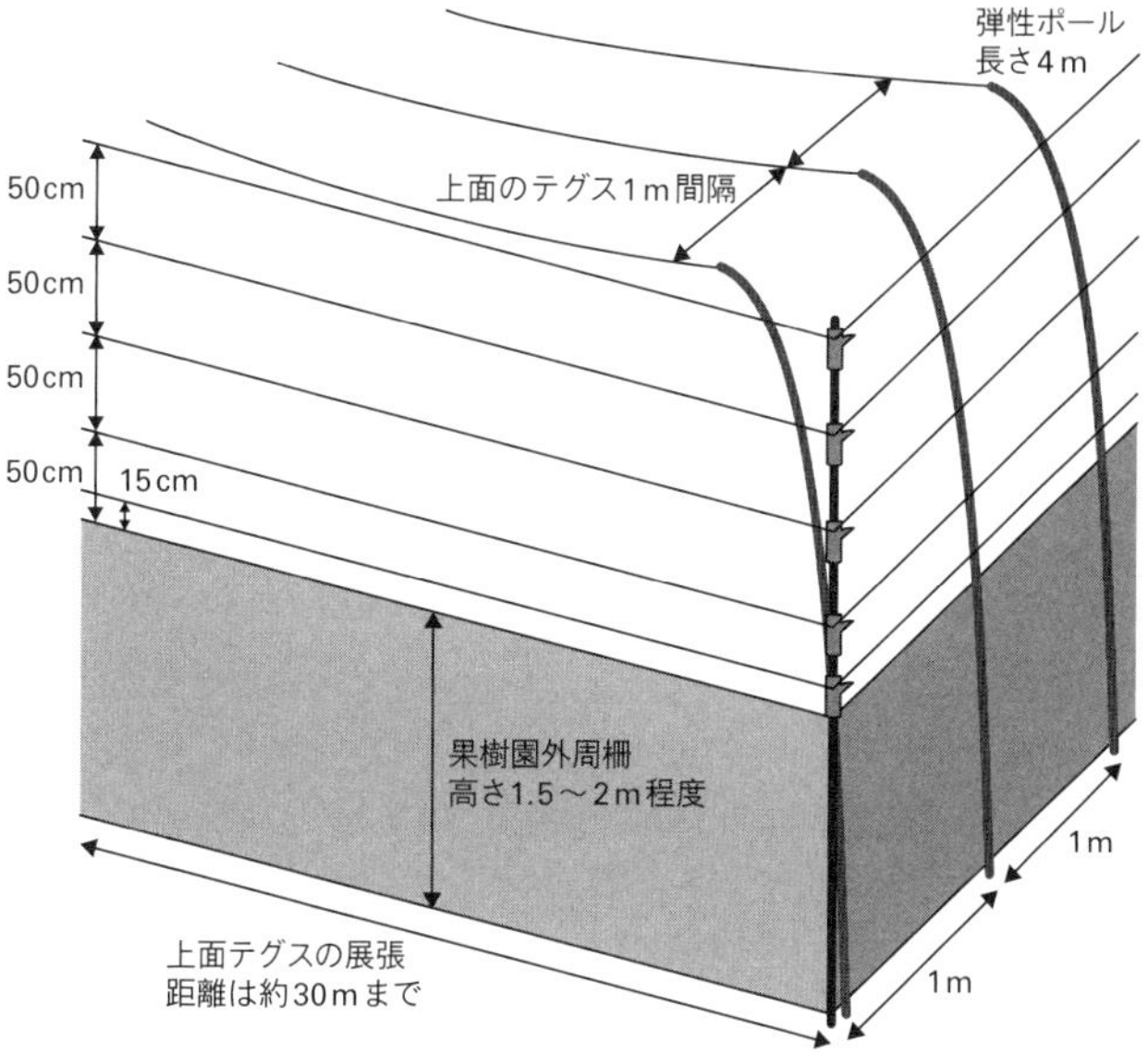

図3-18 くぐれんテグスちゃん。農業・食品産業技術研究機構「果樹園のカラス対策　簡易型『くぐれんテグスちゃん』標準作業手順書」より転載。

だ。そのため、テグスはピンと張っておくことが肝心である。テグスが緩く垂れ下がっていては、翼が当たっても気にならなくなり、侵入を許してしまう。

　また、農研機構では、最近「くぐれんテグスちゃん」（図3－18、QRコード⑤）を公表した。「くぐれんテグス君」より安全で簡易に設置できる進歩版であるので、ぜひ参照していただきたい。

　農研機構では、さきほどの果樹園全体への侵入防止策のほか、果樹列への防鳥網の設置技術「らくらく設置2・0」（QRコード⑥）、「らくらく設置3・5」（QRコード⑦）も紹介している。2・0と3・5は樹高の違いである。弾性ポールや単管パイプなどで骨組みをつくり、防鳥網を張る。こちらも資材費を安くでき、また、労力を軽減できるよう工夫されている。長さ二〇メートルの柑橘樹一列（樹高三・五メートル、幅五メートル）に網を掛ける資材費は四万円弱とのこと。

さらに、農研機構では畑作物のカラス対策として、「畑作テグス君」（QRコード⑧）を紹介している。こちらは天井部だけでなく、側面にもテグスを張る方法である。農業用の支柱に、農業用資材のパッカーでテグスを止める。天井部はくぐれんテグス君同様、一メートル間隔で張り、側面は二五センチメートルごとに四段に張る。またこの方法の優れている点は、回収し、再利用できる点である。設置や回収の際の効率のよい作業方法や工夫を惜しげもなく紹介していて素晴らしい。農研機構によると、一〇アール（30m×33m）に設置する場合、資材費が約一・七万円、二名での作業時間は、設置に一時間半〜二時間、撤去に一時間〜一時間半とのこと。

⑧

農地でのカカシ効果の使い方

どのような被害現場でも言えることだが、物理的な侵入防止策がもっとも望ましい。しかし、先の農研機構が紹介する方法が低い資材費で省力化された方法であったとしても、それを実施するのが難しい場合もあるだろう。とくに、農業従事者は高齢化が進み、設置作業やメンテナンス作業はなかなかの負担である。そこで、完璧な対策とは言えないが、身近な物でできる対策を紹介したい。

すでに紹介しているが、カカシ効果を使った対策だ。先に紹介したとおり、愛知県農業総合試験場の研究結果では、カカシ効果は一日と持続しなかったが、実際の圃場《ほじょう》では、工夫により一シーズン効果が持続した例は多数ある。コツと工夫次第では農地でも有用な対策となるだろう。しかし、過信してはいけない。カカシ効果は数日で馴れが生じてしまうと考えたほうがよいだろう。そのため、被害が多発する収穫の直前の限られた期間で使うことが望ましい。

収穫期以外にも、ブドウなどは、袋掛けした未熟な果実を狙われることもある。しかし、これは食べるためというよりはイタズラに近い行動だろう。これは私の想像だが、袋掛けにより果実が見えなくなったため、果実の成長具合を確認しているのかもしれない。のべつ幕なしに袋や果実を落とすこともあるので、深刻な被害を招く場合がある。だが、食べるためではないため、あまり執着は強くないと思われることから、袋掛けした直後の短期間のみカカシ効果を使った対策を実施すれば、収穫期よりも防ぐことは容易だろう。

ここでは農地を想定した、より実践的なカカシ効果を使った対策を紹介したい。

まずは、ポリエチレンテープを使った対策だ。ポリエチレンテープとは、運動会などで応援のムードを盛り上げるためのポンポンに使用する色つきのテープだ。果樹の枝などに直接結んでもよいし、農業用の支柱の先につけて農地に立てる、もしくはその支柱を木に縛りつけてもよいだろう。重要なのは、いかにカラスに目立たせるかである。

カラスの視点、つまり上空からポリエチレンテープを目立たせるためには、木の葉や枝、土の色と近い色では目立ちにくい。緑や茶よりは、赤、黄、青、紫、白などがよいだろう。一枚だと色が薄いため、数枚重ねると色が目立つ。それから、ポリエチレンテープは長めにし、風で揺れ動くようにするとより目立つだろう。

設置する数についてだが、多ければ多いほど当然目立つ。しかし、先のテグスのように物理的な間隔が重要なわけではない。カラスにここに何か危険があるのでは、と思わせるためなので、さほど数は必要ない。設置や撤収の労力を考えれば、少ないにこしたことはない。支柱の先につけた一メートルのポリエチレンテープが、二〇〜三〇メートルおきに一本もあれば十分だと思われる（図3－19）。

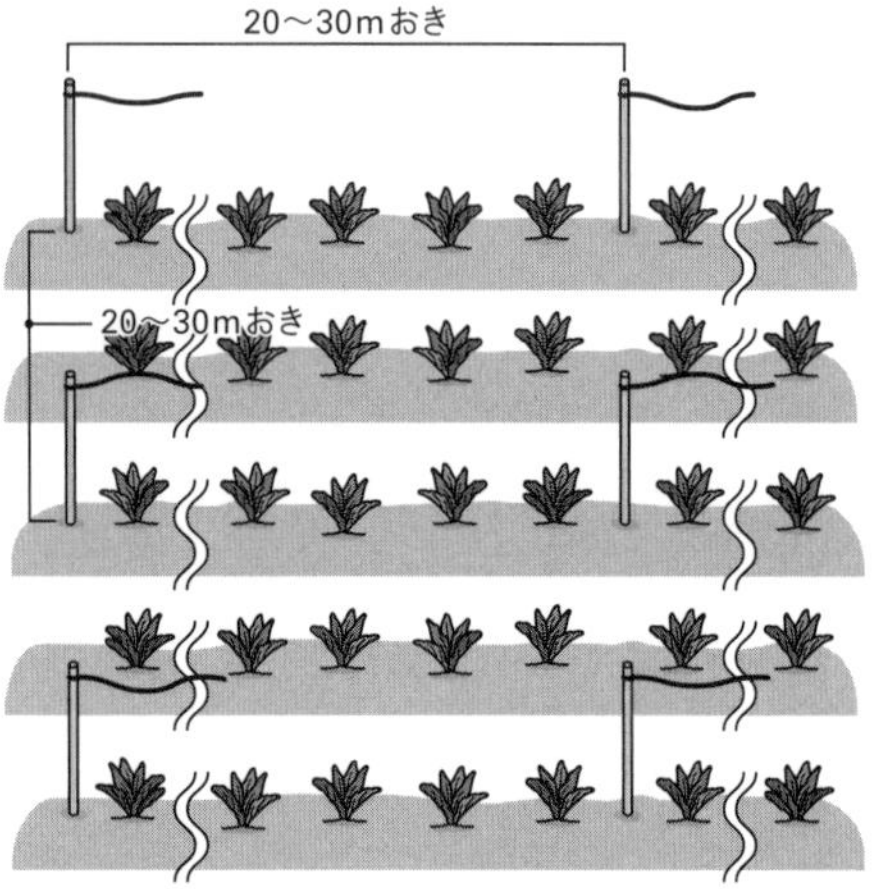

図3-19　ポリエチレンテープを付けた支柱の設置間隔

さて、このポリエチレンテープの効果だが、残念ながら一時的だ。すぐに馴れるだろう。そのため、収穫期の一カ月前からなど、予防的に使うことはあまり意味がない。被害が発生するギリギリまで温存しておくことが重要だ。ではどれくらいの期間、効果が期待できるのか。環境などの条件により異なるため、一概には言えないが、おそらく長くても一週間くらいの効果だろう。短ければ数日で効果はなくなる。被害が出始めたらすぐに撤去し、新しい対策をしなければならない。というわけで、複数の手札が必要となる。

すでに使い古された対策だが、CDを使った対策も十分カカシ効果を引き出せる。だが、設置の仕方は重要だ。果樹の枝などにCDをぶら下げ、すべてのCDが果樹の葉に隠れてしまっていた果樹園を見たことがある。地面からのヒトの視点で見るとCDは目立つが、上空のカラスの視点からはよく見えない。歩いて侵入してきたカラスには目立つが、これだけでは効果はイマイチだろう。考え方としてはポリエチレンテープと一緒で、目立たせる必要がある。地上の視点に加え、上空から目立つ位置に設置することも意識しなければならない。要は、太陽光をよく反射するCDの裏面をカラスに見える場所に設置することが重要だ。農業用の支柱の上部にCDをぶら下げ、木の葉に隠れないよう、木の上部にCDを露出させて木にくくりつけて設置するのがよい。高さのない畑作物であれば、上部にCDをぶら下げた支柱を立てるだけでよいだろう。

図 3-20　支柱に付けた CD

図3-21　のぼり旗を使った対策

設置する数については、ポリエチレンテープ同様に考えればよい。ただ、ポリエチレンテープはテープの長さを長くして目立たせることが可能だが、それに比べるとCDは小さい。そのため、一カ所に三～四枚のCDを連結したものを作成し、それを二〇～三〇メートルおきに一カ所ずつ設置するような形がよいだろう（図3－20）。

ほかに、のぼり旗などもよい。風になびくし、目立つ。「直売」ののぼり旗をお持ちの農家さんも多いだろう。ポイントは、人に目立たせるのではなく、カラスに目立たせるように設置することだ（図3－21）。つまり、道路脇よりは少し果樹園内部に設置しなければならない。また、シーズンに限らず、年中設置されたのぼり旗ではカカシ効果は期待できない。カカシ効果を引き出すためには、変化が必要だからだ。そして、効果は一時的であるため、最長でも一週間後には撤去しなければならない。

ポリエチレンテープもCDものぼり旗も、視覚に訴える対策だ。自作するのが面倒であれば、ホームセンターなどで見かける市販品を利用するのも手である。それらを選ぶうえで基準とすべきは、いかにカラスに目立つか、である。目立たせるためには、背景とのコントラストを意識した色や光の反射のほか、動きがあるものがよい。たとえば、カイトなどは目立つ。風があれば、上空にとどまるうえ、不規則な動きがある。そのほか、風車などもよいだろう。

ちなみに、多くの鳥害対策製品は、対象の動物がなぜ嫌がるかをもっともらしく宣伝文句として記載している。だが、多くの場合、それらの学術的根拠はない。もたらされる効果は、カラスが生理的に嫌がって近づかなくなる効果ではなく、目新しい物に対して用心し、一時的に近づかなくなる効果、つまりカカシ効果だ。

それをふまえれば、わざわざ鳥害対策製品コーナーの棚から選ぶ必要もない。いかにカラスに目立つかを考えたうえで、利用できる物を選ぼう。夏や秋以外の季節物の飾りは、収穫期にはあまり目にしないことから、効果もより期待できるかもしれない。クリスマスの飾りなどを購入して収穫期に備えるのもよい。ただ、これらは必ず馴れる。それを前提に購入を検討いただきたい。

さて、カカシ効果を強く引き出すためには、より大きな変化をカラスに見せることがコツである。対策を変更する際には、大きく変化がある対策をしたほうが効果的だろう。その意味では、これまで紹介したカラスの視覚に訴える対策以外に、聴覚に訴える対策は効果的だ。基本的には本章一節で紹介したカカシ効果を引き出す方法と同じなので、そちらを参照していただきたい。

地域ぐるみでの対策

カカシ効果を使った対策を行なううえで、地域の農家のみなさんでの話し合いや協力も必要である。カカシ効果による忌避効果は、ここは何か違和感があるから別の餌場に行こうとカラスが思うため、発揮される効果だ。地域の農地がすべて同じ対策をやっていたらどうだろうか？　すでに紹介したが、ある地域のひとつのリンゴ園でカイトの効果が確認されたあと、その地域のほとんどがカイトを導入した途端にカイトの効果が現れなくなった。カイト自体はカラスに生理的な忌避効果を引き出すのではなく、何か変なものがあるからとりあえず避けておこうとカラスに安全策を取らせるだけである。いたるところに同じものがあれば、それは違和感にはならず、無視するようになるだろう。

そこで提案だが、対策品を地域の部会などで管理し、使い回すのはどうだろうか？　オフシーズンにみなで協力し、さまざまな対策品を作成しておく。収穫期にはそれを代わる代わる使っていくのだ。そうすれば、同じ対策品がいっせいに使われるようなこともないだろう。ある農地ではCDを、その隣の農地ではラジオを、その隣の農地ではカイトを、といった具合だ。一週間経ったころには、すべての農地で対策品を変更する。

廃棄農作物を管理する

これまで、どうすれば収穫期にカラスを農地に寄せつけないようにできるか、について記載した。ここからは、収穫期以外にできること、注意すべきことを記載したい。それは廃棄農作物の管理だ。収穫後、規格外の作物などをそのまま畑に放置する農家さんも多い（図3－22）。処理の大変さもあるだろうが、肥料になるためという理由もある。しかし、これは餌付けになってしまうため、お勧めできない。カラスからすれば、作物のサイズや形といった規格なんて関係ない。多少の傷物もカラスにとっては問題ない。そもそも人のつくる農作物は、品種改良や土壌の改良などで野生の物とは比べものにならないほど栄養価が高いため、カラスにはとても魅力的だ。しかも、手軽に手に入るとあれば、こんなよい餌場はないだろう。

図3-22　畑に放置された廃棄農作物

廃棄農作物が招く弊害はいくつかある。ひとつは、隣接する畑で収穫期がずれる際に起こる悲劇だ。違う作物であればもちろん、品種の違いなどでも収穫期はずれるが、先に収穫が終わった畑に農作物を廃棄してしまった場合、そこを餌場にカラスは多数飛来するようになる。すると、近くの畑で食べごろの作物を目にして、そちらを狙うようになる、または記憶して、後日の一番美味しくなったころに食べに来るのだ。

それから、ここはよい餌場だと記憶されてしまうと、翌年は収穫期に被害が起こる可能性もあるだろう。カラスの記憶力はとてもよい。宇都宮大学（当時）のベザオク・アフェオク・ボガーレ氏らの実験によると、特定の色を正解として数日間訓練して学習させたあと、一年後にテストを行なうと、四羽中三羽が九〇パーセント以上の正解率であった。この研究は、カラスが物事を一年以上記憶できる可能性を示した。つまり、一年経っても忘れておらず、餌場の巡回ルートになってしまう可能性がある。

そして、廃棄農作物はカラスを増やすことに貢献している。冬、カラスの多くは餓死していると考えられる。自然界の餌が極端に減るためである。その間、手軽に入手でき、栄養価も高い廃棄農作物は、飢えをしのぐには最適だ。その影響は小さくないと私は考えている。それについて、決定的な証拠とはいえないが、こんな事実がある。二〇二〇年に全国的にカラスの被害が増えた。ある地域のナシ農家は九割の被害を受けるなど、これまでに経験したことのない被害と報道されたほどだ。また、農地以外にもゴミ荒らしや糞害など、CrowLabには多種多様のさまざまな被害相談が寄せられた。これについて私は、前年度の二〇一九年度の冬が暖冬だったことに起因すると推測している。二〇一九年度の冬は、全国的に雪が降らなかった。通常の冬であれば、田畑に雪が積もることで、廃棄農作物や落ち穂、地中の虫を食べることはできないが、二〇一九年度の冬はそれが可能であった。そのため、飢えずに冬を越すことができたカラスが例年以上に多く、翌年の二〇二〇年には多数の被害が発生したと考えられる。したがって、廃棄農作物を土に埋めるなど簡単にカラスに食べさせないようにすることが、カラスを減らすことにつながり、結果的に被害減少につながるだろう。

四　畜産現場での被害防止

畜産現場は、栄養価の高い家畜の飼料などをいつでも簡単に手に入れることができる、カラスにとってはとてもよい餌場である。そのため、多くの畜舎では常にカラスの姿が目撃される。農作物と違い、一年中対策をしなければならないという点において、対策の難易度は非常に高い。カカシ効果は期待できるが、数日おきに対策品を変えていくというのはあまり現実的ではない。そこで、どのような点に注意し、対策を行なっていくべきか解説したい。

畜舎への侵入を防ぐ

ほかの被害現場と同様であるが、やはりネットで畜舎を覆うなど、物理的な侵入防止策がもっとも効果が高い。ある畜産農家さんでは、それまでカラスにとても悩まされ、市販の対策品などさまざまな対策を実施した。しかし、効果は続かなかった。そこで一大決心をし、カラスが侵入できる畜舎の窓枠などの侵入可能箇所すべてをネットで覆うこととした。すると、それまで来ていたカラスはほとんど来なくなったという。家畜の飼料を求めて飛来してきていたため、侵入できないとなれば、当然飛来は少なくなる。これまでは畜舎に飛来してくるカラスにより、自宅の洗濯物に糞をかけられる、道具や書類にイタズラをされるなど、畜舎外での二次的な被害もあったが、ネットでの対策を実施すると被害は収まった。やはり、根本的な原因を解決する（飼料にアプローチできなくさせる）ことで、カラスの飛来は減るのだ。

では、ネットで畜舎を覆う場合、どのような点に注意すればよいか。まず、隙間があってはいけない。カラスはわずかな隙間でも入ってきてしまう。先の畜産農家さんの畜舎においても、ネコが開けたわずかな隙間からカラスが侵入していたこともあるという。カラスの胴回りなどを考えれば、ネットに直径二〇センチメートルの穴が空いていれば、入れてしまうだろう。隙間をなくしてネットで覆うことはもちろんだが、先のようにネコなどによって破られてしまうこともあるため、定期的に隙間がないか確認し、補修することが必要だ。

それから、畜舎を覆うにあたり、出入り口を覆うことは難しい。先の畜産農家さんの例だが、出入り口には図3-23のようなカーテン式のネットが便利である。また、ネットよりは侵入しやすくなってしまうが、図3-24のようなチェーンカーテンも有効である。

温暖な気候の沖縄などの畜舎では、風通しをよくするため、開放空間が広く設けられている。ネットを張ってしまうと風の通りが悪くなるそうで、ネットを張ることができないという悩みを聞く。そんな場合には、テグスが有効である。もちろんネットのように完全に守ることは不可能だが、張り方を工夫することで、カラスの飛来が極端に減った例もある。

カラスは、畜舎外から餌槽などへ直接飛来するわけではない。窓枠や建物を支える斜めに伸びる支柱などにまずは止まる。その後、周囲の様子を確認し、安全を確かめてから、目的の場所へと飛来するのだ。そのため、屋外との境にある窓枠や支柱など、カラスがよく止まる場所にテグスを張るのが効果的である。

たとえば、図3－25のように二〇センチメートル程度の高さにテグスを張る。二〇センチメートルというのは、窓枠などにカラスが止まった際のちょうど腰くらいの高さに相当する。一番カラスが邪魔に感じる高さだろう。そして、ピンと張ることが肝心だ。端から端にテグスを

図 3-23　カーテン式のネット

図 3-24　チェーンカーテン

図 3-25　効果的なテグスの張り方

くくりつけ、ダランと張るのでは意味をなさない。先の農地でのテグス同様、止まる場所に降り立つ際にテグスが翼に触れる、身体に触れることを気にするため、ピンとした状態でテグスを張る必要がある。テグスが長くなってしまう場合には、テグスの張りを保てないため、中間地点などに支えとなるものを設置する必要もある。また、テグスは劣化するため、数カ月に一度は、テグスの張りを確認し、張り直すなどのメンテナンスは必須だ。

侵入以外にも気をつけたいポイント

さて、ネットやテグスなど、物理的な侵入防止策以外に、畜舎でできる対策は何だろうか？　ひとつは、餌になるものの除去である。飼料の中のコーンはカラスの大好物であるが、餌槽の中の飼料の食べ残しや周辺に飛び散った飼料など、細かい飼料でもカラスの誘引につながる。できるだけ短期間でそれらを掃除し、カラスに食べる隙を与えないことが大事である。また、家畜の糞には未消化の飼料が含まれる。どこの農場でも当然糞の掃除はしているだろうが、糞もカラスの誘引材料になりうることを意識しよう。同様に堆肥場もカラスを誘引する。家畜がいない堆肥場は、直接的な被害を感じないため、カラス対策をおろそかにしがちだが、とくに農場の敷地内にある場合などは、堆肥場がきっかけとなり、そこから畜舎へと流れてくるケースもある。堆肥場についても、畜舎同様、物理的な侵入防止策が必要だ。

このほか、注意しなければならないタイミングがある。それは出産のタイミングだ。出産直後の子牛などがカラスに狙われることがある。カラスは積極的に狩りをする動物ではないが、弱った個体などは執拗《しつよう》に狙う。子牛などもその対象となり、目玉を突かれ死んでしまったという深刻な被害も発生する。また、出産後の後産《あとざん》は、カラスにとっては魅力的なご馳走である。一度それを食したカラスは、しつこく飛来することになるに違いない。子牛を守ることはもちろんだが、後産は放置せず、すぐに片づけることが肝心だ。

また、出産のような特別なタイミングでなくても、日ごろから注意しなければならないことがある。たとえば、床ずれなどでできてしまったかさぶたを突くことがある。そのまま肉をえぐってしまうこともあり、傷を持つ家畜

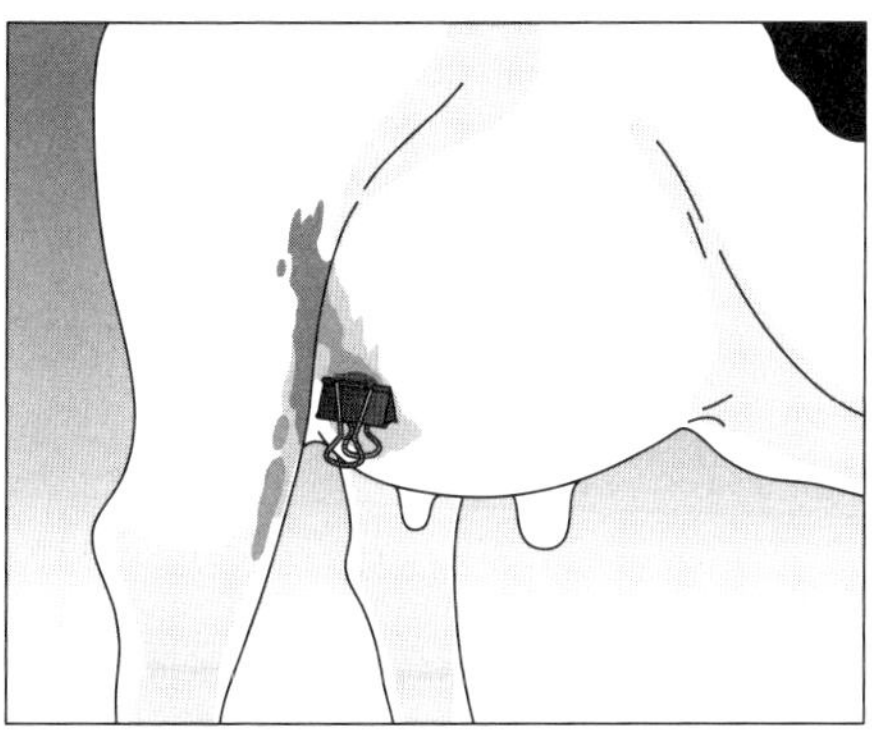

図 3-26　ダブルクリップでの止血

は気にかけ、場合によっては包帯などで傷口を保護することも必要だろう。乳牛の場合は、乳房を突くこともある。乳房に走る太い血管を突き、血を飲む。そのような状況でもウシはあまり騒がないため発見が遅れ、場合によっては失血死してしまう。出血を確認した場合は、獣医師さんに連絡するとともに、到着まではダブルクリップなどで止血の応急処置をする方法もある（図3－26）。

図 3–27　突かれた飼料

保管してある飼料も要注意

家畜のいる空間の掃除の必要性は前述したが、飼料の保管場所にも気を配る必要がある。保管場所はやはりネットカーテンなどで完全に侵入できないようしなければならない。多くの場合、畜舎の一角などを保管場所にしているだろうが、そこを起点に家畜のいるゾーンへと誘引してしまうことがあるからだ。カラスが飼料を発見し、容易に美味しい食べ物がいつでも手に入ることがわかると、カラスの餌場の巡回ルートになるだろう（図3－27）。物理的に侵入させないほか、飼料の袋にもブルーシートをかぶせるなどで、カラスに発見させないことも重要だ。

飼料が被害に遭うという点では、サイレージも要注意である。第1章にて、サイレージをつ

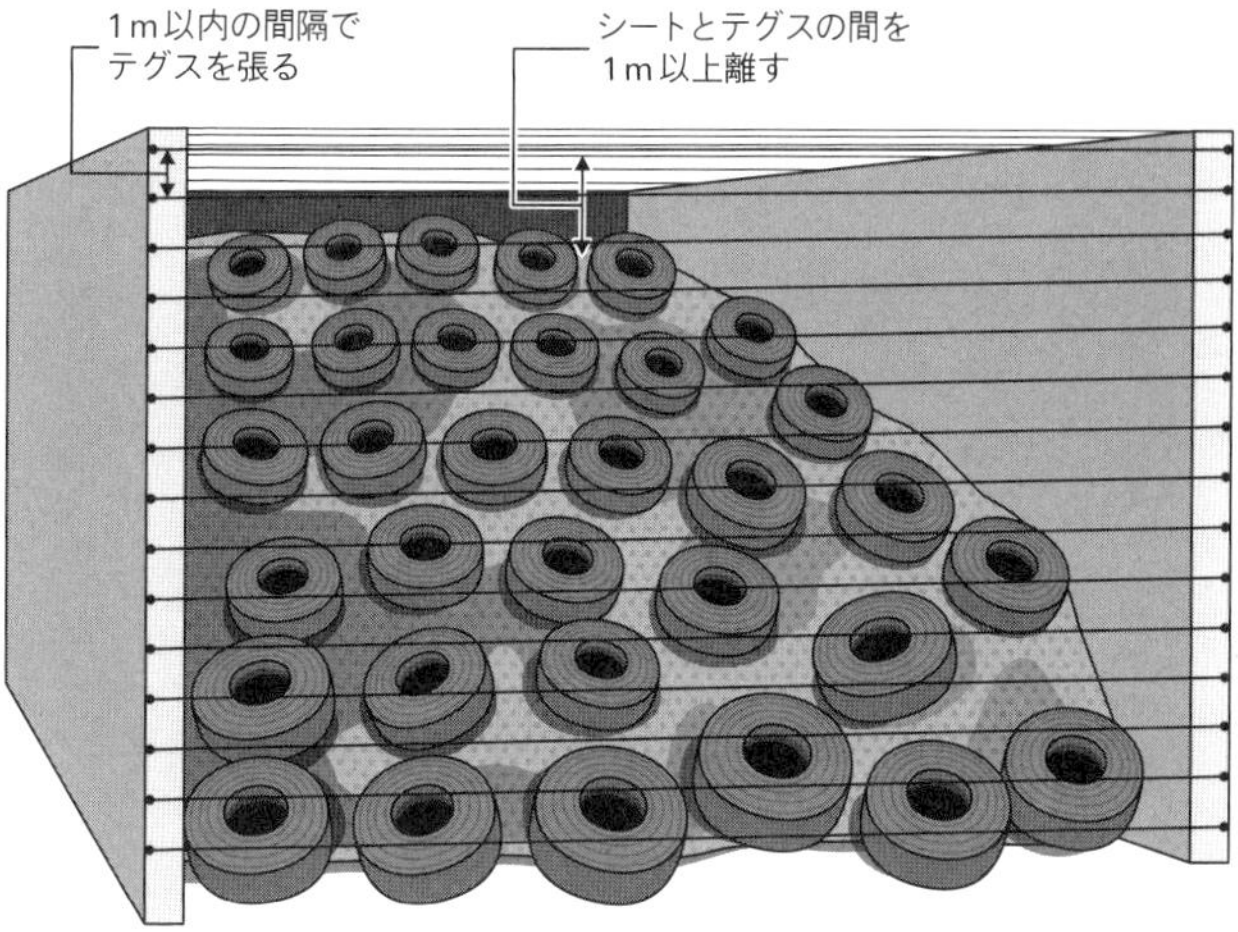

図 3-28　バンカーサイロの対策

くる過程、保管の過程で被せたラップやシートを突く被害があることを紹介した。ラップなどに穴が開くと、そこから雨水などが侵入し、正常に発酵せず腐ってしまう。

このようなイタズラ被害を防ぐ方法を紹介しよう。ひとつはカカシ効果を利用する対策は効果的である。餌場ではないことから、執着もそれほど強くないため、どんな対策品でもそれなりに効果を発揮するはずだ。とくにカイトのような動きのあるものであれば、それだけでも長く効果は続くだろう。

しかし、サイレージをつくる期間、保管する期間は長く、ひとつの対策品だけで長期間効果を持続させることができるかどうか、少し心もとない。そこで、次のような物理的な侵入防止策をお勧めしたい。

コの字型のバンカーサイロでは、牧草を詰め込んだあと、シートを被せ、その上に古タイヤなどを置き、重しにする。これだけだとシートが突かれてしまう。そこで図3－28のように、バンカーサイロの上部ギリギリまで牧草を詰めるのではなく八割程度とし、空間を設け、バンカーサイロ上部と前面に、一メートル間隔でテグスを張ると、前述の畑などでの侵入防止策同様、侵入を軽減できるはずだ。可能であれば、テグスだけではなく、シートを二重に被せ、サイレージに直接触れているシートにはカラスが到達できないよう空間をつくると万全だ。

ラップサイロについては、一カ所にラップサイロを集め、その上部にテグスを一メートル間隔で張ることで、ラップサイロにアプローチしにくくさせるといった対策が効果的である。

五　日常起こりうるカラス被害への対処

ヒトと生息環境が重なるがゆえに、カラスはさまざまな問題を引き起こす。ここでは、日常で起こりうるカラス被害にどのように対処すべきかを紹介したい。

営巣されたあとの対処

カラスの営巣に関するお悩みは多い（図3－29）。営巣は、配電トラブルやヒトへの威嚇などを引き起こす。営巣させないための対策はかなり難易度が高い。営巣箇所は高所であることなどから、物理的に防ぐことは難しい場合が多く、また、これまで紹介したカカシ効果を利用した対策では到底防げない。しかし、私が代表を務めるCrowLabが提供するサービスにより、毎年営巣が確認された箇所で営巣を防ぐことに成功している。第4章にて紹介しているので、そちらを参照いただきたい。本節では、不幸にも営巣されてしまったあと、どのように対処すべきかについて紹介したい。

まず、むやみに撤去することはお勧めしない。そもそも、巣に卵がある場合の撤去は、市町村の許可が必要であることが「鳥獣の保護及び管理並びに狩猟の適正化に関する法律」いわゆる鳥獣保護管理法で定められている。そのため、勝手に撤去することは違法となり、個人の判断で撤去はできない。行政の許可を得たうえで撤去する場合においても、巣があることでもたらされる危険度や緊急性を熟慮したうえで撤去を検討すべきだ。もちろん停電などの事故を引き起こす可能性がある場合は撤去もやむを得ない。ただ、カラスは一度ここだと決めると、とことんその場所に執着する。その場合、突貫工事で巣をつくるため、巣材がポロポロ落ち、余計に事故を招きやすくなることもある。

図 3-29　カラスの巣

それから、ヒトへの威嚇を誘発することにもつながる。子育て時に近づくだけで威嚇をすることもあるのだから、巣を撤去されれば当然カラスも怒る。撤去後一ヵ月以上、付近を通行するヒトをのべつ幕なしに攻撃していたという話を聞いたこともある。なお、ヒトへの威嚇への対処については、次項で紹介したい。

時期を待てば、いずれカラスは巣からいなくなる。巣の撤去のタイミングはカラスがいなくなったあとでもよければ、それまで待つことが望ましい。それまでは温かくカラスの愛情深い子育てを見守るのはいかがだろうか。

子育て中のカラスの威嚇行動から身を守る

子育て中のカラスの威嚇行動から身を守るにはどうしたらよいか？　一番は、巣のそばやカラスのヒナのそばには近づかないことだ。とは言っても、家の近所にある巣ならヒナの鳴き声などで巣の場所は把握できるだろうが、はじめて訪れる場所などではそうもいかない。事前に威嚇行動を避ける術はあるだろうか。

じつは親ガラスは威嚇行動の前に、必死にメッセージを発している。そのメッセージにヒトが気づいていないだけなのだ。そのメッセージとは、親ガラスのヒナやペアの連れに対する警戒の鳴き声（QRコード⑨）と、ヒトに対する威嚇の鳴き声（QRコード⑩）である。なお、ここではハシブトガラスの鳴き声を紹介する。

まずは、ヒナに危険が迫ると、動画のような警戒の鳴き声を発する。警戒の鳴き声は、短い「アッ」が短い間隔で複数回繰り返される。さまざまな場所でよく聞く鳴き声なので、ほかの鳴き声との聴き比べが難しいかもしれない。そのような状況からヒトがヒナに近づいた場合、今度はヒトに対し、威嚇の鳴き声を発する。こちらは濁った「ガー」という長めの鳴き声だ。近くの電線などに止まるカラスが、何回も繰り返し威嚇の鳴き声を発するようであれば、それは自分への威嚇と思って間違いない。親ガラスの最後通告だ。これを無視しヒナに近づくと（多くの場合、ヒナの存在を知らずに近づいているのだろうが）、親ガラスはついに威嚇行動を開始する。

⑨ ⑩

ヒナがいる場所があらかじめわかれば、その道を避ければよい。しかし、ヒナに気づかないケースがある。ひとつは、ヒナとはいっても身体がおとなに近い大きさになるため、区別がつかないケースだ。五～六月くらいになると、巣の外へ出るが、しばらく親元で生活する。このころのヒナを「巣立ちビナ」という。巣立ちビナは、親元にて餌をもらいながら、飛ぶ練習をするのだ。ヒナは警戒心が薄く、人通りがあるところで平気で休んでいることもある。身体の大きさもだいぶ大きくなるため、見慣れていないとヒナだと気づかないかもしれない。だが、おとなのカラスであれば、ちょっと注目するだけでも逃げるので、近づいても逃げないということはまずない。この時期に逃げないカラスがいたら、それは巣立ちビナと思ってまず間違いないだろう。

ヒナに気づかないもうひとつのケースは、草の陰などに隠れている、または頭上の電線に止まっているなどで、ヒトがヒナを認識できていないケースだ。ヒトが威嚇されるのは、このケースがもっとも多いだろう。その場合は、さきほどの親ガラスの威嚇の鳴き声などをヒントにするほかない。

ヒナの餌ねだりの鳴き声（QRコード⑪）に気づければ、事前にヒナの存在に気づくかもしれない。「ンガー」と間の抜けたような鳴き声をひたすら繰り返すので、目立つはずだ。ヒナの存在に気づいた際は、回り道をして威嚇を避ければよい。

⑪

さて、学校や会社の正門が威嚇のスポットになっているなど、どうしても回り道ができないような場合はどうしたらよいか？ 襲われる可能性がある場所を通らなければいけない場合、帽子や傘で後頭部を守ろう。基本的に親ガラスは、ヒトを傷つけてやろうと積極的にヒトを威嚇してくるわけではない。ちょっと驚かして、その場から追い払いたい、もしくはヒナへの注意を自分に向けたいだけである。カラスも自分より大きなヒトに対して恐怖心があるため、正面からではなく、後頭部から迫ってくる。カラスもかなり興奮状態のため、目測誤って、運悪く鋭い脚の爪が、ヒトを傷つけてしまうこともある。それを守るための帽子である。また、傘を差していれば、後頭部の防御に加え、傘にカラスの翼が当たるのを怖がるため、襲ってこない場合もある。同様に翼が当たることを利用した対策として、バンザイポーズがある。NPO法人札幌カラス研究会の中村眞樹子氏が考案した方法だ（図3-30）。両腕を上げてバンザイポーズを取りながら通過することで、カラスは翼がヒトの腕に当たるのではと思い、威嚇行動をためらわせるのが狙いだ。

自動車へのイタズラを防ぐ

自動車のワイパーのゴムを持っていってしまう、窓ガラスのパッキンを突く、爪で自動車のボディを傷つけてしまうなど、自動車への被害はどう防げばよいか？

ワイパーのゴムについてはワイパーを上げておくだけで、大抵の場合は被害を防げる。ゴムを引っこ抜くのが難しくなるようだ。

それ以外については、これまでも紹介してきたカカシ効果を利用した対策だ。畜産施設などカラスを誘引する施設が近隣にあり、頻繁にカラスが飛来する場合などは難しいが、これといってカラスが集まる要因がない場合であれば、一時的に対策を行なうことで被害がなくなるケースがある。実

図 3-30　威嚇行動を回避するバンザイポーズ

図 3-31　自動車へのイタズラ防止のための飾り

際、クリスマスのリースをドアミラーに下げる、モールをワイパーで挟むなどで、カラスのイタズラがなくなったという例もある（図３－31）。

また、ドアミラーや窓ガラスに映る自分を別のカラスと勘違いし、攻撃するケースがある。カラスは鏡に映った自分を自分であると認識できない（第１章参照）。ほかのカラスと思うわけだ。そのため、縄張り内に侵入し、威嚇してもまったく逃げない、やけに好戦的なカラスと思うのか、前述の動画（ＱＲコード②参照）のようにひたすら攻撃を繰り返す場面を目撃したことがある。これを防ぐには、ドアミラーをたたむ、窓ガラスの反射を抑えるために、窓ガラスの内側に日除シートを置くなどで対処できるだろう。

六　自治体の担当者向けカラス被害対策マニュアル

カラス被害の相談は自治体の担当者に寄せられる。三年に一度など部署異動がある担当者からしてみれば、いきなりカラス対策の担当となり、戸惑うことも多いに違いない。本来、野生鳥獣被害対策は、自治体のほか、住民、農家、企業、団体など、さまざまなステークホルダーがおり、地域全体の課題であるはずだ。しかし、自治体担当者になんとかしろと苦情を言って丸投げしている状況がよく見られる。その結果、担当者が週に何日か現場に行き、電線に止まるカラスの集団をライトで追い払うなどの光景を目にする。これでは、被害はとうてい改善されない。すべてのステークホルダーが当事者意識を持って取り組まなければ、カラス被害は軽減できないのだ。

だが、自治体だからこそできる対策があるのは事実である。自治体が適切な施策を立案し、ステークホルダーの間に潤滑油のように入り込むことで、地域全体の大きな歯車を回すことができれば、カラス被害を激減させることも可能だろう。私はこれまで多数の自治体に対し、カラス被害対策のコンサルティングを行なった経験から、いろいろなことが見えてきた。カラスの生態を踏まえ、もし自分が自治体担当者だったら何をすれば効果的な対策になるか、本節で記しておきたい。

被害のみえる化

まず、「被害のみえる化」が重要だ。ベッドタウンではゴミ荒らしの被害、農業が盛んな地域では農作物被害、その他、電信柱への営巣や、市街地の糞害の相談など、地域によって被害はさまざまだ。その地域でどのような被害があるのか、実態を把握すべきである。実態が見えてくれば対策もしやすくなる。しかし、実態を把握することはかなり骨の折れる作業だろう。刑事のごとく聞き込み、足で情報を集めるか、カラスをひたすら追うなど、生態学者顔負けの調査が必要だ。そういう意味では、寄せられた苦情は、カラス被害の実態を把握するチャンスである。苦情を寄せた方を糸口に、近所の方などへヒアリングすれば、被害の実態を知りやすくなるだろう。また、困っているからこそカラスをよく見ていて、じつはカラスにくわしかったりもする。協力者にもなりうる存在だ。それから、先人の残した記録も重要である。苦情件数や内容はもちろんだが、ねぐらへの飛来数など生態調査を行なっている地域も多い。それらを一度整理し、アップデートすることで、被害をみえる化することが肝心である。なお、カラスの動きには季節性がある。それを踏まえ、一年間を通じての調査と季節ごとの整理は必要だ。

季節で異なる対処方法

さて、みえる化できたあと、実際に何をしていけばよいのだろう。次に、季節ごとに起こりやすい被害とそれらへの対処法について紹介したい。

冬の終わり〜春

営巣シーズンであることから、営巣に伴う電気事故や人への威嚇行動による被害を想定しなければならない。電力設備への営巣については電力会社と連携した対処が必要である。電力会社であれば、豊富な経験に基づき、現場の状況に応じた撤去の必要性について適切に判断できるに違いない。しかし、多くの一般市民にとっては、カラスの巣イコール危ないと判断するだろう。なぜ巣を撤去しないのか、といった苦情もくるかもしれない。そもそも巣に卵やヒナが存在すれば、鳥獣保護管理法により撤去が禁止されているため、むやみに撤去できないといった法的な課題を説明するのがよいだろう。さらに、前述どおり、撤去により威嚇行動が激化する可能性もあるため、どの程度の緊急性があるかなどを考えたうえで、できれば見守る方向で調整している旨を説明すると納得してくれるかもしれない。その際、カラスの習性に関する説明と威嚇があった場合の対処方法なども伝えるとよいだろう。

春〜夏

子育てシーズンである。この時期に威嚇が頻発する。威嚇があったところでは、巣の場所を把握し、注意や対処を掲示するとよいだろう。とくに車通りが激しく、歩道が狭い道路では、急に現れたカラスにびっくりして、思わぬ事故を招くことにもつながりかねない。また、図3－32のように、なぜ撤去を行なっていないかについての説明もあると、住民の理解にもつながりやすいはずだ。

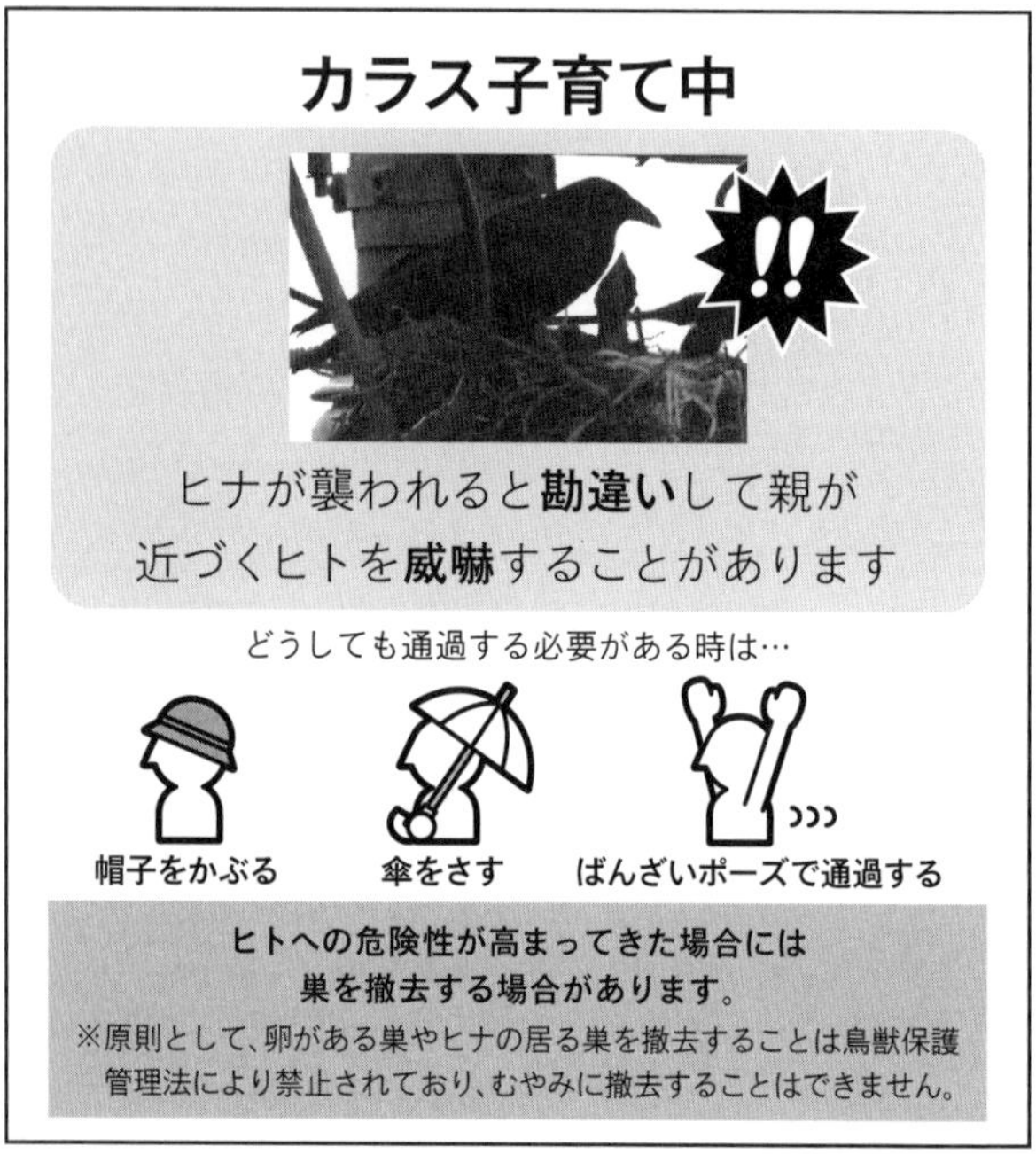
カラス子育て中
!!
ヒナが襲われると勘違いして親が
近づくヒトを威嚇することがあります
どうしても通過する必要がある時は…
帽子をかぶる
傘をさす
ばんざいポーズで通過する
ヒトへの危険性が高まってきた場合には
巣を撤去する場合があります。
※原則として、卵がある巣やヒナの居る巣を撤去することは鳥獣保護管理法により禁止されており、むやみに撤去することはできません。

図 3-32　カラスの巣への注意

夏〜秋

　果実の実りの季節であり、カラスによる食害の相談が増える時期だろう。この時期に備え、オフシーズンに農家向けの講習会などを実施し、カラスの生態の把握や、先に紹介した身近なものでできるカカシ効果を利用した対策の普及を行なうとよい。地域の部会などに働きかけ、農家同士で対策品を交換する仕組みをつくる、共同でテグスを張る協力体制をつくるなど、まさに自治体担当者の腕の見せどころではないだろうか。

　また、耕作放棄地に植えられたままの果樹や収穫後の廃棄農作物の放置はカラスを誘引し、食害を招く。それらは、餌の少ない冬において貴重な餌資源となる。耕作放棄地の問題は簡単ではないだろうが、できれば所有者と協議し、果樹は処分するなど適切な管理をすることが望ましい。廃棄農作物については、埋めるなどの適切な処分を行なうことが、農作物の食害を軽減するといった短期的な効果だけでなく、カラスの個体数コントロールといった長期的な効果にも結びつく（第5章参照）。しかし農家さんからは、廃棄農作物の捨場に困るという話を聞く。自分で穴を掘って埋めるというのは相当な労力だ。自治体としては、廃棄農作物の適切な処分をお願いするだけでなく、捨場を用意することで、農家さんの協力を得やすくなるだろう。もちろん、捨場がカラスの餌場になっては元も子もないので、カラスが食べられないようシートを被せる、ネットで覆うなどの管理も必要だ。しかし、捨場を用意してもそこへ捨てるのが面倒で協力を得られにくいこともあるかもしれない。埋めるよりは食べられやすくなってしまうが、各圃場の隅に廃棄農作物をまとめ、そこをシートやネットで覆う

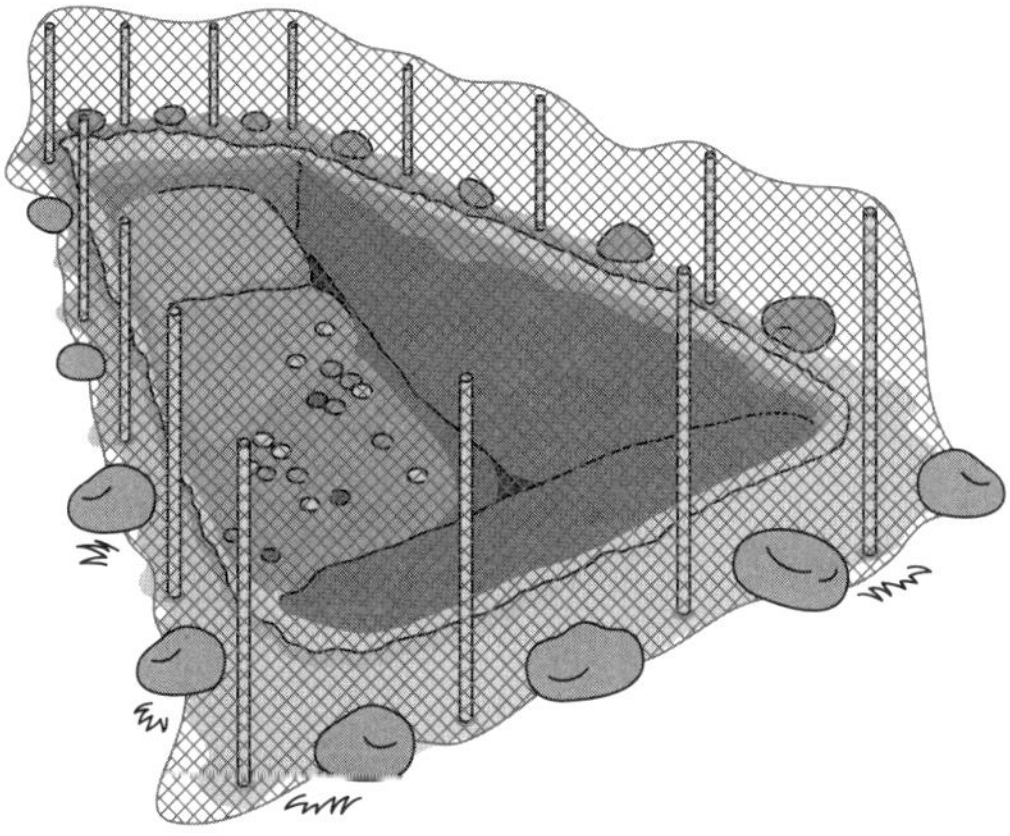

図 3-33　廃棄農作物の捨場の管理

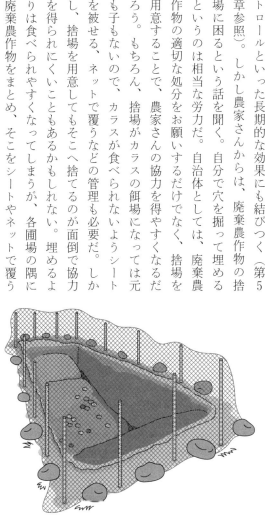

ことで、食べにくくさせることは可能だ（図3－33）。自治体にてシートやネットを配り、意義をしっかり説明することで、農家さんの協力を得ることもできるかもしれない。

秋～冬

カラスの集団が大きくなる季節である。親元を離れた子ガラスや子育てを終えた親ガラスなども集団に合流するためだ。この時期、市街地での糞害が顕在化しやすい。とくに電線では、就塒前集合の場所やねぐらになっている場合、直下は真っ白だ。このような市街地でのねぐらなどへの対策として、ライトで照らす、大きな音を鳴らすなどを行なっている自治体も多い。しかしそれらは、一時的な追い払い効果で持続はしない。これについては、手前味噌になるが、CrowLab のサービス以外に長期的に効果を発揮する有効な手段を私は知らない。実績も含め、第4章でくわしく紹介しているので参照してほしい。

ただ、ねぐら対策については、慎重に検討する必要がある。対策を行なうことで、その場の被害は収まるが、当然カラスは別の場所に移動する。移動した先で同様の糞害は発生するだろう。たとえば、夜間はヒトが立ち入らない場所や、糞害が目立たない場所など、その場にとどまってくれればそこまで大きな問題ではない、ということがある。たとえば、公園や神社などはその例に当てはまる場合が多い。とにかくカラスをどうにかしなきゃ、という思いが先走り、無計画に追い払いを行なったせいで、繁華街や住宅街の電線をねぐらにしてしまい、苦情が激増した、という話もある。ではどうすればよいか？　糞害が目立つ電線などに止まるカラスのみ対策を行なうことがよいだろう。前述の公園や神社などであれば、地面がアスファルトでなければそれほど目立たないし、雨などで流れやすい。高い建物なども、ヒトが立ち入らない場所であれば、大量に糞があってもそこまで困らないケースも多い。カラスがいること自体が困る、ということであればどうしようもないが（それは大きな心で許容してほしい）、あまり糞が気にならない場所にカラスを移動させれば、糞害はほぼなくなるのだ。また、カラスの数が膨大であるがゆえに、糞害は顕在化する。少数のカラスであれば、たまに降る雨で流され、害にはならない。そういう意味では、一カ所のカラスの密度を下げることで解決することもある。

図 3-34　テグスが張ってある電線に止まるカラス

なお、電線に止まらせないための対策として、電線上部にテグスやトゲトゲを張る方法がある。これは電力会社が行なっている方法である。一定の効果は見られるが万能ではない。カラスは、ちょっと邪魔だなあ、と思う程度かもしれない。その証拠に、電線に止まるカラスの数が増え、止まる場所が少なくなってくると、テグスを設置してある場所でも平気で止まるようになる（図3－34）。自治体担当者としては、電力会社にいたるところに張ってほしいと思うかもしれないが、どこもかしこもテグスなどが張られていたら、結局関係なく止まるようになるだろう。むしろ自治体担当者として、苦情に発展しやすい電線を厳選して電力会社にテグスの対策をお願いしたほうが無駄もないし、効果も高いだろう。

ちなみに、このねぐらの問題は秋冬限定ではない。夏ねぐらというものもあるし、場所によっては一年中ねぐらになっていることもある。なお、夏ねぐらとは、子育てを行なっていない集団により形成されたねぐらだ。秋冬のねぐらと比べると小規模であることが多いが、それでも深刻な糞害を発生してしまう場所もある。

一年を通じて求められる対策

ここまで、季節ごとの被害とその対策を紹介してきた。カラス被害には、季節によって程度の差はあれど、季節問わず発生するものもある。

ゴミ荒らしはその典型である。現場でできるゴミ荒らしの対策については前述どおりだが、自治体担当者の視点でできるゴミ荒らし対策は次のとおりだ。

ひとつは、ゴミ集積所の収集庫の設置を促進させることである。これは確実に効果をもたらす対策のため、助成金制度をつくり、自治会が導入しやすい体制を整えることが重要だ。場所によっては収集庫を設置できないところもあるだろう。その場合はやはりネットである。ネットについては、たとえば複数枚購入すると助成金が出る制度とし（その理由も説明したうえで）、複数枚を使って確実に覆うよう促すべきである。ちなみに愛知県の小牧市では、市が購入したネットや複数枚のワイヤーネットを結束バンドで留めるなどして自作したサークルを自治会に配布している。これを図3－35のようにサークルで囲いをつくり、その上をネットで覆うことで、ネットとゴミ袋の間に隙間ができる。前述どおりこの隙間が重要で、カラスはゴミ袋にアプローチできない。小牧市ではこの配布制度により、一部のマナー違反（燃えないゴミの日に燃えるゴミを出してしまい回収されないなど）がある集積所以外では、ほぼカラスによるゴミ荒らしの被害がないそうだ。

図3-35　小牧市のゴミ集積所

　あとは、自治会長や自治会のゴミの管理のリーダーなどへの講習会を行なうことも重要だろう。カラスの生態に合わせ、先に紹介したゴミ集積所での対策に関するセミナーを開催することで、自治会が自衛できるよう促すことが有効だろう。

　それから、ゴミの個別収集や夜間収集も効果が高い。個別収集であれば、各家庭が自前でポリバケツなどの収集庫に代わる鉄壁の防御を準備するはずで、それではカラスも突けない。また、カラスの行動していない夜間にゴミを収集すれば、カラスが餌場を巡回する時間にはゴミはない。コストはかかるものの、費用対効果は高いだろう。

その他、季節問わず発生するカラス被害の現場は、畜産関連施設や廃棄物の処理施設、食品工場などである。いずれの現場もカラスの餌となるものが、季節問わず存在するうえ、カラスにとって比較的獲得コストが低い場所である。これらの現場は、侵入防止策をしにくい構造であることが多く、また、カラスの執着も強いため、正直対策が難しい。だからといって、匙《さじ》を投げてしまうとどうなるだろうか。魅力的な食べ物を簡単に手に入れられる場所は、間違いなくカラスを呼ぶ。しかもそれが豊富にあるならば、際限なくカラスを誘引するだろう。その結果、それらの施設の近所において、カラス被害が顕在化してくる。さらには、カラスの個体数の増加に貢献することになる。くわしくは第5章で紹介するが、冬は自然界の餌が少なく、餓死する個体も多い。しかし、これらの現場の餌が餓死寸前の個体を生き長らえさせてしまっている。

ではどう対策すればよいか？　やはり餌となる物へアプローチできなくなるような、物理的な侵入防止策を実施することが望ましい。施設全体への物理的対策が困難であっても、カラスが止まりやすい場所へテグスを張る、残渣《ざんさ》の保管場所などにはブルーシートを張り、侵入させないだけでなく発見させないなど、局所的な対策が必要だ。また、冬場にはカカシ効果を利用した対策を実施することで、カラスの飛来を減らすことが重要だ。自治体担当者としては、それらについての意義の説明や助言などのサポートは必要だろう。場合によってはそれらの対策をした企業への補助の仕組みも検討すべきである。

ヒトの意識を変える

さて、ここまで読んでいただいた自治体担当者からは、そもそも自身が所属する部署の範《はん》疇《ちゅう》を越えているというクレームをいただくかもしれない。おっしゃるとおりで、他部署の領域を侵すことは難しいということは重々承知だ。しかし、カラスには部署の垣根は関係ない。本気でカラス対策をするのであれば、プロジェクトチームをつくるなど、部署を越えた協議・協力も必要である。ここは各部署のトップに汗をかいていただきたいところだ。

そして、限られた予算で担当者として何をするか。多くは捕獲や猟銃による駆除などに頼ってしまう。しかし、それはあまり賢い選択とは思えない。第5章でくわしく説明するが、捕獲などは個体数削減にあまり貢献していないと、生態学的には考えられている。カラスの繁殖力を上回る捕獲は難しいからだ。また、自然に餓死する個体数を上回るほどの捕獲も難しく、そう考えると、あまり意味のある施策とは言えない。捕獲は数で示せるため対策のアピールになりやすくよく行なわれる施策だが、費用対効果は低い。それよりは、ヒトの営みから生まれるカラスの餌資源を減らすことで、カラスへの自然淘汰圧を高め、餓死個体を増やすことを狙った個体数コントロールの施策に予算を使ったほうが効果的である。くわしくは第5章で紹介する「無自覚な餌付けストップキャンペーン」を参照していただきたい。

また、市民にカラスの生態を正しく理解してもらうことも有効だろう。相手を知らないがために、必要以上に恐れ、苦情に発展する例もある。イメージが変わることで許容されることもある。もともとカラスはヒトとの関わりは深く、よいイメージもある。それについては第5章で紹介したい。私が自治体担当者だったら、カラスの正しい生態を知ってもらう機会をつくり、イメージ向上のためのさまざまな活動を実施すると思う。たとえば、専門家による講演やパンフレットの作成などはどうだろうか。CrowLabでも兵庫県阪神北県民局阪神農林振興事務所の依頼で作成に携わったパンフレット（QRコード⑫）など、自治体などから依頼されたそれらの実績も多数あり、ぜひご相談いただきたい。自治体担当者としては、カラスの正しい生態を知ってもらいイメージ向上の活動を実現するために、まずは懇切丁寧に意義を上司に説明するところから始めてみてほしい。

⑫

コラム3

カラスの一生〜カラスの寿命は？〜

カラスの一生を見てみよう。

生まれると、まずは兄弟との争いだ。カラスは三〜五個の卵を産むが、一個ずつ日をずらして産む。そのため、兄弟間には成長に差が出る。私たちの二〇二一年の定点カメラを用いた観察によると、三月一七日に一個目の卵を産み、三月一八日に二個目、三月一九日に三個目、三月二〇日に四個目、三月二二日に五個目の卵を産んだ。四月七日の朝に二羽が確認されたあと、四月一〇日まで時間差で孵化《ふか》していった（QRコード⑬）。このケースでは、孵化は二日程度の差ではあったが、孵化直後の採餌量の差のせいか、ヒナの成長には差が出るため、運悪く後半に生まれたヒナは餌を十分与えられず巣立ち前に餓死すると考えられる。

⑬

一カ月ちょっと経過すると巣立ちを迎えるが、前述どおり、しばらくは親元を離れない。この時期のヒナは巣立ちビナと呼ばれる。親の縄張りの中で過ごすものの、好奇心もあり、警戒心なくウロチョロするためか、自動車に轢《ひ》かれる、ネコに襲われるなど、死んでしまうヒナも多い。

そして、夏から秋くらいになると親から独立する。親離れの時期は親子関係によるのか、その家族によりバラバラだ。親から離れても独りで生きていくわけではない。若いカラス同士でつるんで行動する。この期間に社会性を学ぶのだろう。

はじめての冬は、カラスにとって最大の難関だろう。とにかく食べ物がない。経験豊富なおとなのカラスたちは、食べ物を見つける術を知っているし、得られた食べ物をさまざまな場所に貯食する。それにより飢えをしのぐ。経験の少ない初心者は、ある意味運に左右されるゲームのごとく、運よく食べ物にありつけられ続ければ、どうにか冬を越せる。

そうこうして一歳を迎える。しかし、まだ繁殖はできない。繁殖できるまでは、複数回は厳しい冬を生き延びなければならない。そういう意味では、子育てをしているカラスたちは相当優秀なカラスと言える。

しばらくは若者同士で過ごす。その間に生涯のパートナーと出会う。カラスは一夫一妻と言われる。本当に一夫一妻かを調べるには、これはかなり大変な研究になるが、観察記録などから、基本的には一夫一妻であると考えられている。パートナーと死別した際などは、別のパートナーとペアになることもあるようだ。

その後は毎年繁殖活動をするが、繁殖は何歳まで可能なのかはわからない。そもそも寿命もよくわかっていない。私が学生のころ、二〇年以上飼われたハシボソガラスが持ち込まれたことがある。もともと巣から落ちて保護されたカラスだが、保護した飼い主が高齢で飼うことができなくなり、研究室で引き取ることとなった。高齢のカラスを観察する機会は少なかったため、とても貴重な経験だった。環境の変化がよくなかったのか、残念ながら引き取ったあと長くは生きなかった。もともと丁寧に飼われていたようだが、やはり羽根などは少し傷んでいる印象があり、若いカラスと比べると少し元気がないようであった。やはり、それくらいの年齢が寿命なのかもしれない。このカラスがたまたま長く生きた個体なのか、平均的なのかは不明だ。平均的と言ってしまうと、生まれた直後に死ぬヒナ、巣立ちビナの交通事故死、冬の餓死など、死の機会は多く、カラスの平均寿命は、じつは一〜二歳になってしまうのではと想像する。

第4章

カラスの行動をコントロールする研究と対策の最前線

本章では、私が二〇年以上続けているカラスの音声コミュニケーションの研究と、それを利用したカラスの行動をコントロールする研究について紹介したい。またそれらの研究の知見をもとに、私たちは二〇一七年に株式会社CrowLabを立ち上げ、全国の被害現場にてサービスを提供している。これまであらゆる対策を試したものの効果が持続しなかったと嘆く農家や自治体、企業などの被害現場において、長期的に効果を持続させることに成功している。しかし、すべての現場でうまくいっているわけではなく、現在の技術での限界が見えてきた。また、装置などのハード面での課題や運用などのソフト面での課題も見えてきた。それらカラス対策の最前線について、紹介したい。

一　カラスの音声コミュニケーション

日本の多くの地域では、カラスの鳴き声を耳にしない日は少ないだろう。トリにはよく鳴く種とそうでない種がいるがカラスは前者である。カラスはよく鳴く。カラスは何のために鳴いているのか？　それはカラス同士でコミュニケーションを行なうためだ。鳴き声はとても便利なコミュニケーションツールである。鳴き声を用いれば、数百メートル離れていても、樹木などで姿が隠れていても、意思疎通が可能なのだ。ではカラスたちは鳴き声でどんなコミュニケーションを行なっているのだろうか？

カラスにはどんな種があるか

カラスの鳴き声を語るうえで、カラスの種について触れておきたい。日本の多くの場所で見られるカラスには、ハシブトガラス（口絵①）とハシボソガラス（口絵②）という二種がいる。両種の名前に共通する「ハシ」とは嘴のことを指し、ハシブトとは嘴が太い、ハシボソとは嘴が細いことを意味する。その名のとおり、ハシブトガラスはハシボソガラスに比べ嘴が大きく、身体もハシブトガラスのほうがひと回り大きい。この二種は留鳥《りゅうちょう》と呼ばれ、渡りをしない。

一方、渡りをするミヤマガラス（口絵③）という種もいる。ハシボソガラスよりも少し小さいカラスで、成鳥は嘴の根本が白く見えるのが特徴だ。ミヤマガラスは、大陸から日本へと越冬をしに集団で渡ってくる。このミヤマガラスの集団の中には、コクマルガラス（口絵④）という種も混じっている。コクマルガラスはミヤマガラスと比べてもふた回りくらい小さいカラスで、後頭部から腹にかけて白くパンダのような色味があり、日本人の持つ「全身黒」のカラスのイメージとは大きく異なるだろう。私はまだ視認できていないが、白い部分が灰色のコクマルガラスもいるそうだ。北海道には同じく越冬をしに飛来するワタリガラスという種もいる。

これまで紹介した種と比べ、日本での数は少なく、なかなか見ることができず、残念ながら私もまだ見たことがない。ハシブトガラスよりもひと回り大きいというのが驚きで、ぜひ見てみたいと思っているが、なかなか近づくことは難しいらしく、接近を許してくれる東京のカラスのほうが印象としては大きく感じるのではと想像している。また、沖縄にはハシブトガラスの亜種が生息する。沖縄本島には、リュウキュウハシブトガラスという亜種がおり、八重山諸島には、オサハシブトガラス（口絵⑤）という亜種がいる。オサハシブトガラスはハシブトガラスの亜種といえど、若干小さい印象である（リュウキュウハシブトガラスを私はまだきちんと観察できていないため、説明は省く）。これらが日本に生息するカラスである。

海外にもカラスはいる。分類学上、スズメ目カラス科カラス属に属する種が世界で四〇種程度存在する。ここでは、私が実際に目撃したカラスについて紹介したい。シンガポールにはイエガラス（口絵⑥）という種がいる。前述したコクマルガラスのようにツートンカラーであり、後頭部から腹にかけて灰色である。日本のカラスと比べると細くて小さく、日本のハトくらいのサイズという印象がある。シンガポールでは、日本のカラス同様、早朝にゴミ漁りをするイエガラスを目撃できるが、日本ほど生息密度は高くない。また、アメリカにはアメリカガラスという種がいる。アメリカガラスは全身黒色で、これまた日本のカラスと比べると小さい印象だ。ニューヨーク州のオーバーン市には、越冬をしにアメリカガラスが多数飛来する。この「多数」が半端なく、私が目撃したカラス密度のナンバーワンである。夕方に市街地のねぐらに戻ってくる数万羽のアメリカガラスの光景（QRコード⑭）は、もはや幻想的であった。

⑭

カラスはどんな鳴き声を出す？

ところで、カラスの鳴き声は「カーカー」と表現される。これはハシブトガラスの鳴き声だ。「カーカー」というよりは、「アーアー」のほうが近いかもしれない。そして、これがよく聞いてみるとじつにいろいろな鳴き声があることに気づく。「アッアッ」と短かったり、「アオア」と特徴のある抑揚があったり、「ガーガー」と濁っていたり、といった具合に、ハシブトガラスの鳴き声は多様だ。

ハシブトガラスの音声コミュニケーションの研究は私のメインテーマである。師匠の杉田先生の研究室の門戸を叩いたとき、カラスの鳴き声の意味を明らかにするというテーマを頂戴したのがきっかけである。卒論では、日々カラスを追い、鳴き声を収集し、音声解析装置でソナグラムに現し分析した。

ここでソナグラムについて簡単に説明しておこう。鳴き声には複数の周波数成分が含まれるが、どの周波数がどの程度含まれているかの経時的変化を三次元的に示したものだ。横軸が時間、縦軸が周波数、色の濃淡が音圧を示す。感覚的に表現される音の高さや音色の違いなどの音響的特徴を視覚化し、客観的に比較することができる。ソナグラムを声紋と呼ぶほうが、馴

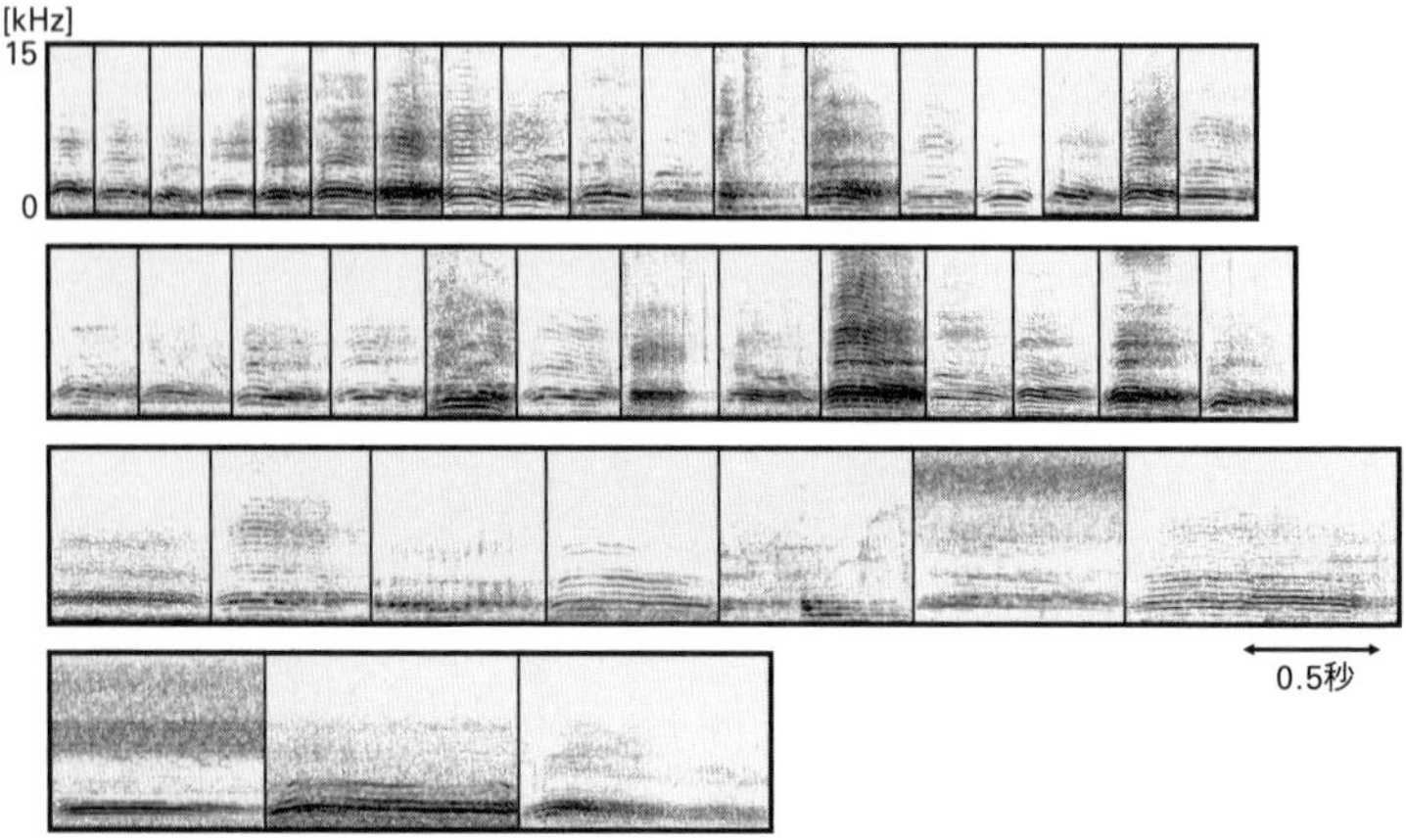

図 4-1 音響的特徴より分類したハシブトガラスの鳴き声のソナグラム。縦軸が周波数、横軸が時間。

染みがあるだろうが、ヒトでは指紋のように個人差が現れることから声紋と呼ばれている。また、発声時は口の内部などの形を変形させて声を出すが、発声器官の形態的な変化はソナグラムに現れる。それは、特定の周波数帯の音圧が高くなる、もしくは低くなるといった特徴に現れるが、発声器官を同じような形にすれば、異なるヒトでもソナグラムは同じような特徴を示す。「ア」を発したのか「イ」を発したのかは、ソナグラムを見ればわかるのだ。

さて、私の卒論では、一年間に多数のカラスの鳴き声を収録した。その中で、周囲の雑音が少なく明瞭に収録できた鳴き声など、解析に耐えうる約五〇〇サンプルを選別し、音圧の高い周波数帯の位置やノイズなどのソナグラムの特徴から分類したところ、約四〇種に分類することができた（図4－1）。この研究では、ソナグラムの特徴により分類を行なったため、性差や個体差、地域差などが考慮されず、カラスの鳴き声が四〇種あるということを意味するわけではない。しかし、この結果からもハシブトガラスが多様な鳴き声を発することがわかる。

カラスのコンタクトコール

では、ハシブトガラスはどのような意味を持った鳴き声を発し、音声コミュニケーションを行なっているのだろうか？ 山階鳥類研究所名誉所長であった黒田長久氏は観察記録より、ハシブトガラスの鳴き声を警戒や求愛、つがい相手への呼びかけなど約三〇種に分類している。このほか、スピーカーから鳴き声を再生することで、それに対するカラスの反応を観察するプレイバック実験や、特定の鳴き声に注目した詳細な行動の分析により、その意味が客観的に評価された鳴き声を紹介しよう。

東京大学（当時）の相馬雅代氏らは、人工的に設置した餌場へ飛来するハシブトガラスの「kakaka」という鳴き声の頻度とその前後の群れサイズの変化を分析し、さらに、「kakaka」声をプレイバックすることで、「kakaka」声が餌資源への集合音声として機能していることを報告した。私も餌場にて、この「kakaka」声を耳にする。「カッカッカッ」と短い繰り返しのある鳴き声だ（図4－2）。また、実際にこの鳴き声をスピーカーから再生するとカラスがスピーカーの周辺へと集まってくる。

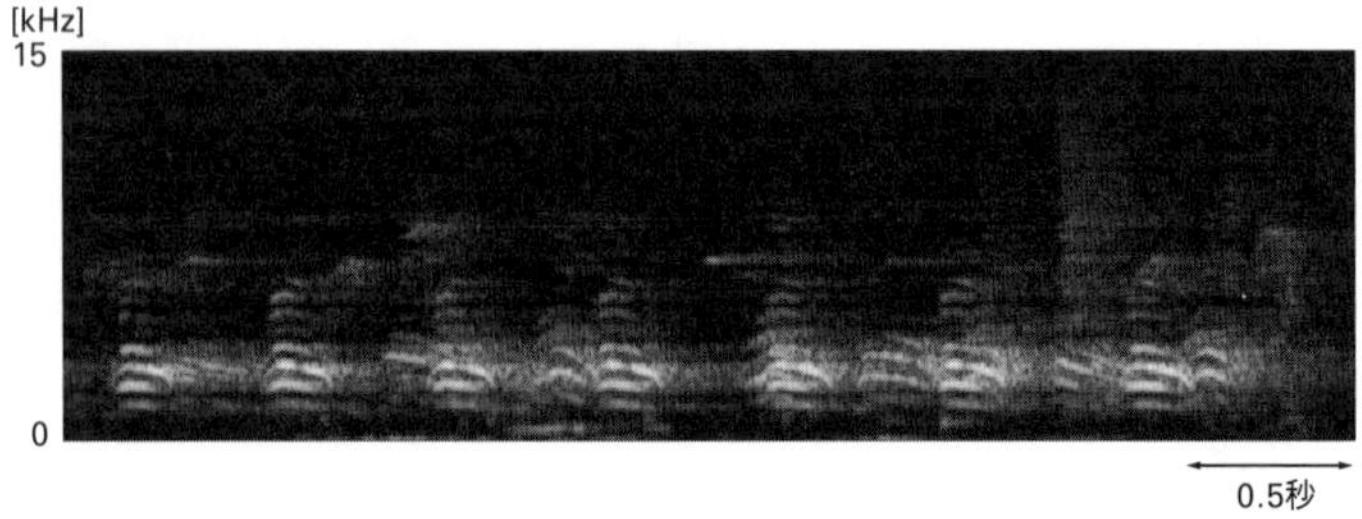

図 4-2　ハシブトガラスの採食の際の集合の鳴き声のソナグラム

ちなみに、これは私が感じていることで、きちんと検証できてはいないが、この鳴き声を発するのは、食べ物の量が多いときと思われる。発見した食べ物の量が少ないときには、この採餌の際の集合の鳴き声を発していない気がする。自分一羽では食べ切れない量の食べ物があった際に、この鳴き声を発し、周囲のカラスに知らせるのではないだろうか。なぜこのような利他的な行動をするか、もしかしたら、ほかのカラスに恩を売っておき、自分にも教えてね、というようなことも賢いカラスであればあるかもしれないが、私の考えでは、カラスはもう少し利己的と思う。食べ物を食べる際は、地上に下りる必要がある。また、周囲への警戒がおろそかになるなど、リスクを伴う。そこで、ほかのカラスを呼び、自身へのリスクを減らすのだ。そこにたとえばネコなど敵が潜んでいた場合、一羽しかいなければ1／1で狙われるが、一〇羽いれば、1／10のリスクになる。また、カラスが増えれば、物理的に目が増え、迫る危険をすぐに察知できるということもあるだろう。

慶應大の近藤氏らは、ハシブトガラスが群れの間で鳴き交わし

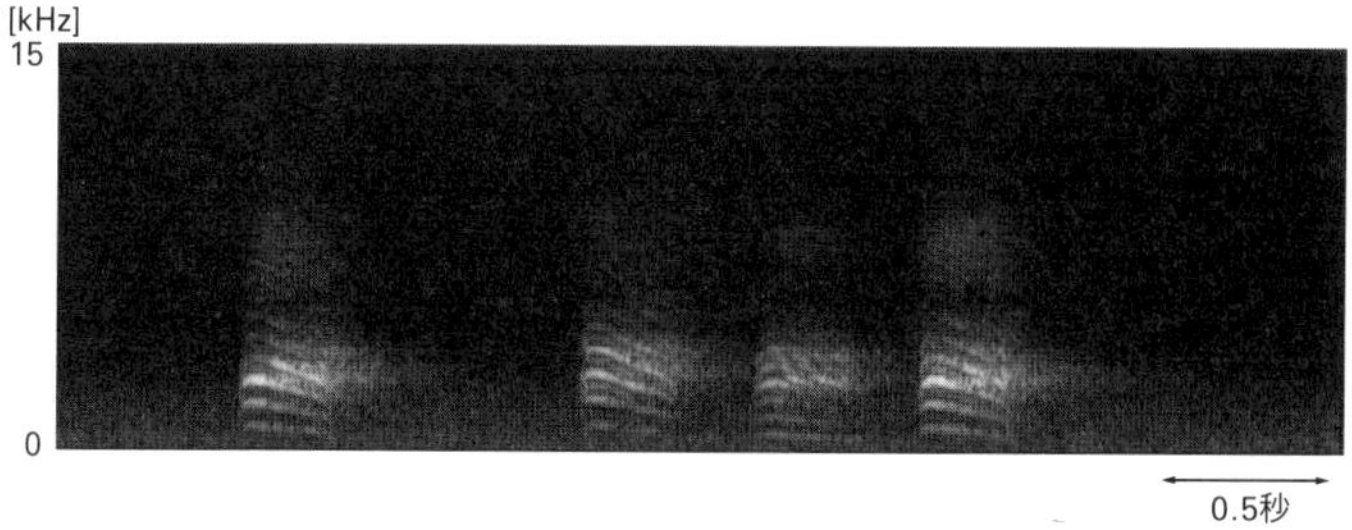

図4-3 ハシブトガラスのコンタクトコールのソナグラム

ている「ka」という単発の鳴き声について、鳴き交わしの際の時間間隔の分析により、さまざまな動物にとって個体認識の機能を持つコンタクトコールである可能性を示唆した。また、このkaコールの音の高さや長さなどの音響的特徴が個体ごとに異なっていることを発見し、個体認識の機能を持つ可能性を示した。つまり、kaコールがハシブトガラスのコンタクトコールであることを客観的に示した。

図4-3は、私が上野公園で収録したコンタクトコールだ（QRコード⑮）。複数個体の鳴き交わしが確認できる。このソナグラムに登場するハシブトガラスはおそらく三羽だ。一羽目のコンタクトコールに対し、二羽のカラスが同じコンタクトコールで鳴き返している。鳴き声は四個確認できるが、一個目と四個目の鳴き声は、ソナグラムの特徴から同じ個体によるものと考えられる。

⑮

三羽のコンタクトコールのソナグラムを比較すると、一見するとほぼ同じだが、横縞の位置が少し上下にずれていることがわかる。この横縞は倍音と呼ばれ、ヒトでは声の高さに関係している成分だ。音源である声帯の大きさなどの形態的特徴により倍音の特徴は決まるが、ヒトの声の個性を決める成分のひとつである。ヒトの声帯に相当するのは、トリでは鳴管《めいかん》と呼ばれる器官で、この鳴管の形態的特徴の個体差がこの倍音に現れていると考えられる。

また、さらにソナグラムを細かく見ていこう。この横縞が「へ」の字になっているが、下がり方の勾配に差がある。これは鳴き声の抑揚に相当し、それぞれのカラスの意識で調整可能なものだろうが、言ってみればクセのようなものかもしれない。

倍音や抑揚は個体差の一例だが、これらの特徴の違いがカラスの個体差を生み出し、結果として、カラス間における個体認識の手段になっていると考えられる。

日中に多数のカラスがたむろするような上野公園や代々木公園などでは、このようなコンタクトコールの鳴き交わしをよく耳にする。そのような場所でスピーカーからコンタクトコールを再生すると、鳴き返しが返ってくる（QRコード⑯）。じつはある程度の訓練により、コンタクトコールを真似たヒトの鳴き真似でも同じように鳴き返しを確認することができるのでぜひ挑戦してほしい。過去にウェブメディアの企画に協力した記事があるので、参照していただきたい（QRコード⑰）。

⑯

⑰

カラスが警戒する鳴き声

さて、鳴き真似といえば、演芸家の江戸家小猫氏（現在は五代目　江戸家猫八）の動物の声

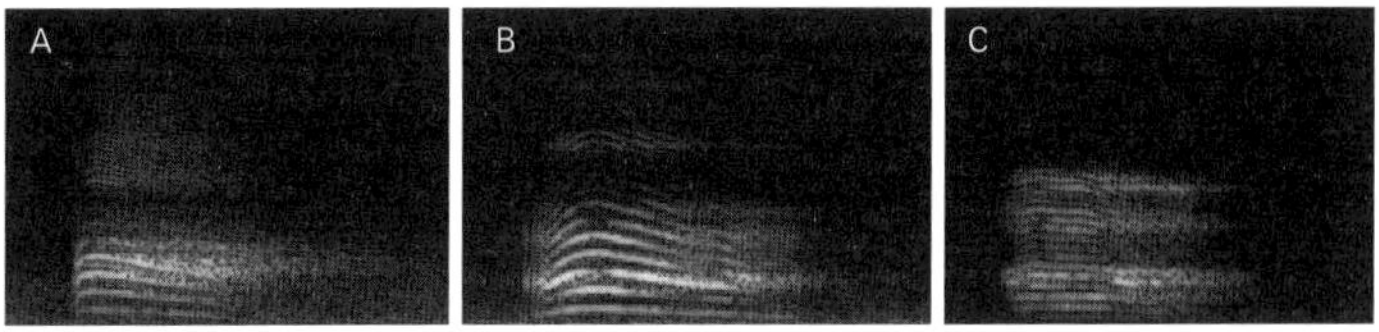

図4-4　ハシブトガラスのコンタクトコール（A）、江戸家小猫氏（B）と番組スタッフ（C）のコンタクトコールの鳴き真似のソナグラム

帯模写の芸は有名だ。NHK－BS「イグ・ノーベル賞　マジで狙ってみた」という番組の企画で共演したのだが、小猫氏のコンタクトコールの鳴き真似は見事であった。図4－4のソナグラムをご覧いただきたい。比較のため、番組スタッフの鳴き真似も収録したが、その違いは一目瞭然だ。番組ではヒトがカラスと会話できるかというチャレンジだったが、小猫氏がコンタクトコールの鳴き真似をすればカラスからの鳴き返しがあったのはもちろん、採餌の際の集合の鳴き声でカラスを集めることにも成功した。また、カラスがタカなどに襲われた際に発するディストレスコールという鳴き声を、スピーカーから再生することで警戒行動を引き出すことができるが、小猫氏のディストレスコールの鳴き真似により、その場にいたカラスたちが上空を旋回し始め、ある意味パニック状態のような行動を引き出すことができた。

　これに着想を得た研究計画が、科学研究費助成事業（科研費）という国の研究費に「カラスはディストレスコールのどの音響的特徴を忌避するか？　鳴き真似から炙り出す」というタイトルで採択された。ディストレスコールの特定の特徴を変化させた音声をスピーカーから再生し、カラスの反応を確認することで、カラスはディストレスコールのどの音響的特徴に対し、反応しているかを調べるという研究だ。鳴き声を長くする、全体的な周波数を上げるなどの単純な変化であれば、音声編集ソフトで可能だが、カラス特有のノイズを増やすなどの細かい調整はソフトでは難しい。あえて特定の音響的特徴を大きく変化させた鳴き真似を小猫氏の協力を得て収録し、それに対するカラスの反応を確かめた。研究期間がちょうどコロナ禍と重なり、思うように計画が進まなかったこともあったが、周波数成分の基本的な構成を維持すれば、音の高さや長さ、ノイズなど、音響的特徴を大きく変化させた鳴き声にもカラスは反応することがわかった。しかし、音響的特徴を大きく変化させた鳴き声に対しては、すぐに馴れが生じ、繰り返しの再生により反応が薄くなることがわかった。カラスからしてみると、変な鳴き声のやつがいるなと思うが、ディストレスコールっぽく聞こえるので、一応は離れておこうか、という感じかもしれない。しかし、変な鳴き声はよく目立ち、またあの鳴き声かと思うのか、すぐに反応しなくなるのではと私は考察している。本研究をさらに進めることで、カラスのレパートリーの各鳴き声において、各鳴き声と認識するうえで音響的特徴のどの要素が重要であるか、また、音響的特徴のどの部分に個体差が現れるのかなどが明らかになると思われる。

先のコンタクトコールだが、縄張り内でスピーカーから再生すると、コンタクトコールは返ってこない。そればかりか、縄張り内のカラスが警戒行動を起こすのだ（QRコード⑱）。私はこの反応を使って、警戒時のハシブトガラスの鳴き声を分析している。再生したコンタクトコールは別の場所で収録した他個体の鳴き声であるが、自分の縄張り内で別のカラスの鳴き声がすると、縄張りの主は、鳴き声の主の元へと急いで飛来する。縄張り内に侵入者があったと思い、その排除のためである。そして、ペアのもう一羽へと知らせるためか、「アッアッアッアッ」と鳴き声を発する。その鳴き声を聞き、もう一羽も飛来する。二羽は鳴き声の発生源付近を旋回し、付近の樹木を頻繁に行き来するなどしつつ、激しく鳴く。子育て時期などはとくに激しく反応する。

⑱

　私たちは、日本各地のさまざまな場所でプレイバック実験を行ない、その際の様子をビデオカメラで記録するとともに、鳴き声を収録した。すると、警戒時の鳴き声は複数あることがわかった。プレイバック実験を行ない、同じ場所で複数回、かつ異なる場所においても記録された鳴き声を縄張り内でのハシブトガラスの警戒時の鳴き声とした場合、現在のところ、四種を警戒時の鳴き声として分類できた（図4－5）。ひとつ目は、アッアッアッアッ1で、短い鳴き声の繰り返しだ。ふたつ目は、アッアッアッアッ2で、アッアッアッアッ1同様短い鳴き声の繰り返しであるが、アッとアッの間隔がアッアッアッアッ1に比べ長く、一拍抜けるような鳴き方だ。三つ目は、「アーアーアーアー」とひとつの鳴き声の長さが長い。四つ目は、「ガーガー」と濁った鳴き声である。ひとつ目から三つ目は、プレイバック実験実施時の前半に発せられることが多いが、四つ目は実験の後半によく耳にする。また、子育て時期はかなりの頻度で

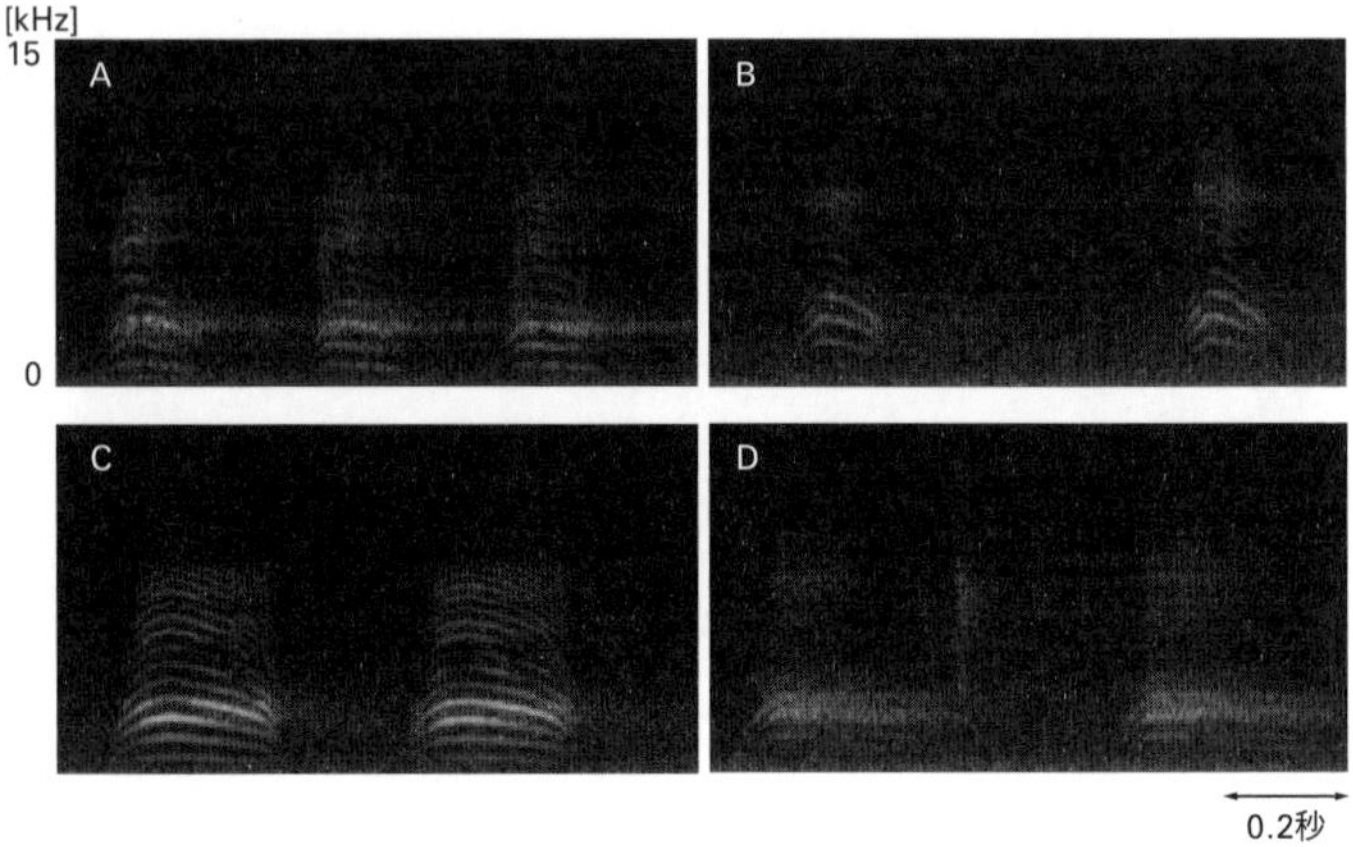

図 4-5　ハシブトガラスの警戒および威嚇のソナグラム。アッアッアッアッ１（A）、アッアッアッアッ２（B）、アーアーアーアー（C）、ガーガー（D）。

この「ガーガー」を発する。カラスの行動を見ると、まるで音源のスピーカーに向けて発しているようである。四つ目は、どちらかというと警戒というよりは侵入者への威嚇の鳴き声なのだろう。一方、ひとつ目から三つ目は、縄張り内にいるペアのもう一羽へ、もしくはヒナたちへの警戒を促すメッセージかもしれない。

ハシブトガラスのさまざまな鳴き声

ハシブトガラスの鳴き声は非常に多様で、長年研究している私も意味がわからない鳴き声が多いが、比較的状況がわかりやすく、意味づけしやすそうな鳴き声についていくつか紹介したい。あくまで私の観察からの主観的な意味づけであることを断っておこう。

自分の存在を伝えると思われる鳴き声として、「アーーア、アーーア」という鳴き声がある

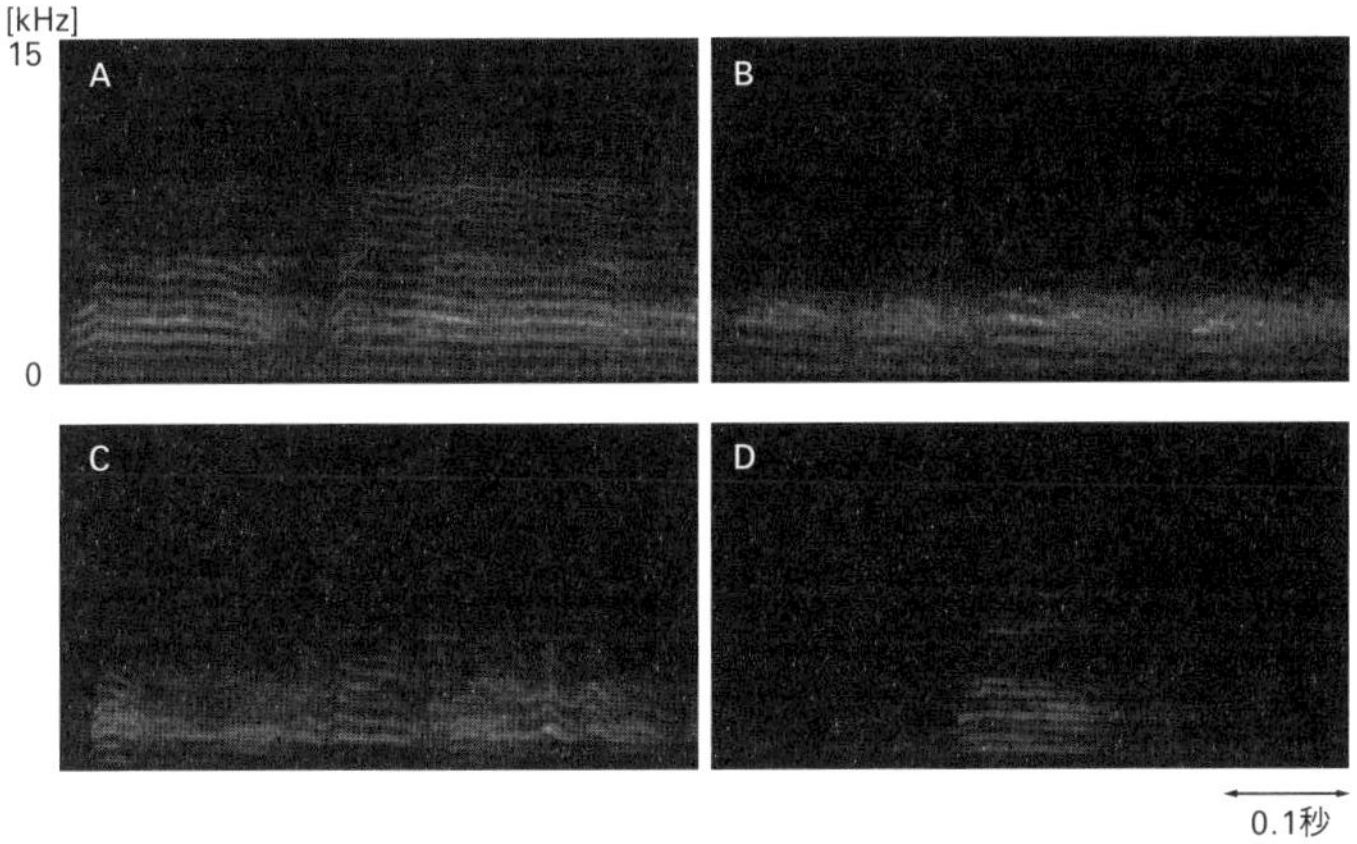

図 4-6　ハシブトガラスのさまざまな鳴き声のソナグラム。存在を知らせる（A）、ねぐら入り（B）、求愛？（C）、ヒナの餌ねだり（D）。

（図4－6A）。どこかから飛んできて、電柱などに止まるときに翼を上げながらこの鳴き声を発する。つがいの相方やほかのカラスに対し、自分の居場所を伝える鳴き声なのかもしれない。

ねぐらに入る際に集団で発する「アーアーアー」という鳴き声がある（図4－6B）。夕方、ねぐらに入っていく集団が発している鳴き声だ。敵に襲われるリスクなどを考えると、ねぐらを利用する個体数が多ければ多いほど、ねぐらとしての価値は上がると思われ、この鳴き声でほかのカラスを誘導していることが考えられる。集団で発することでねぐらにいる猛禽類を威圧しているということもあるかもしれない。

求愛と思われる「グワーワワ」という鳴き声がある（図4－6C）。求愛と私が思った理由は、繁殖期にのみ聞こえたということと、樹上の葉に隠れ、はっきりと見えなかったが、二羽が重

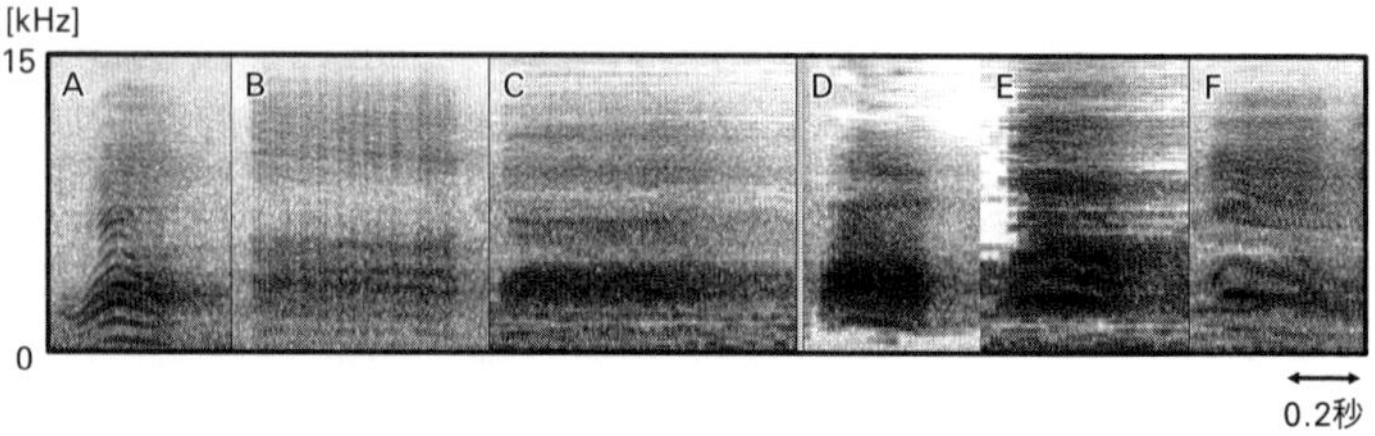

図4-7　警戒時の鳴き声のソナグラム。ハシブトガラス（A）、ハシボソガラス（B）、ミヤマガラス（C）、オサハシブトガラス（D）、イエガラス（E）、アメリカガラス（F）。

なりながら翼を動かし、バサバサと音を立てていたようだったからである。つまり交尾のときの鳴き声ではないかと想像している。

ヒナの餌ねだりの「ンガー」という鼻にかかった鳴き声がある（図4-6D）。親ガラスにこの鳴き声で何度もアピールし、餌をもらうので、自信を持って餌ねだりの鳴き声と言えよう。

種による鳴き声の違い

さて、先に紹介した、ほかのカラスの鳴き声にもスポットを当ててみよう。ハシブトガラスの鳴き声は澄んでいて、ハシボソガラスの鳴き声は濁っていると紹介されることがよくある。しかし、先の威嚇の鳴き声のように、ハシブトガラスも「ガーガー」と濁った鳴き声で鳴くこともある。そのため、濁っているかどうかで判断すると間違える場合があるだろう。よくよく聞き比べてみるとその特徴は異なる（QRコード⑲）。文字で書けば同じ「ガーガー」と表現されるだろうが、ハシボソガラスのほうが乾いていて、若干高い鳴き声という印象がある。図4-7のソナグラムを

⑲

見比べてみると、どちらも全体的にノイズが見られるが、ハシブトガラスの濁った鳴き声は、縦方向に並ぶ縞が見られるのに対し、ハシボソガラスの鳴き声は縦方向の縞が明瞭でない。これが、ハシボソガラスの鳴き声がハシブトガラスよりも乾いて聞こえる理由だろう。また、音圧が高い周波数帯が、ハシブトガラスは一〇〇〇〜二〇〇〇ヘルツにあるのに対し、ハシボソガラスは一〇〇〇〜三〇〇〇ヘルツのより高い周波数域までにわたっていることから、ハシボソガラスのほうがより高く聞こえるのだろう。

では、ハシブトガラスとハシボソガラス以外のカラスはどのような鳴き声を発するのだろう。私が鳴き声を収録できているミヤマガラス、オサハシブトガラス、イエガラス、アメリカガラスについて鳴き声の違いを紹介したい。ハシブトガラスのように、鳴き声の種類が異なると特徴が大きく異なる可能性があるため、先のハシブトガラスの縄張り内でのプレイバック実験同様、スピーカーから音声を再生し、それぞれの種の警戒行動を引き出した際に発せられた警戒時の鳴き声と思われる鳴き声を比較した。

いずれも程度に差はあるが、ハシブトガラスに比べると、濁って聞こえる。濁って聞こえる鳴き声の特徴はソナグラム上にノイズとして現れるが、実際、ハシブトガラス以外はノイズの多いソナグラムを示す。だが、耳で聞いた濁りの感じが異なる。音質の違いを文字で表すのは難しいが、あえて表現すると、いずれも「ガー」だが、ハシボソガラス以外は、その中に「アー」が隠れているとでも言おうか。印象としてはハシボソガラスの鳴き声はより乾いているように聞こえる。これは、ソナグラムに現れる縦方向に並ぶ縞の有無に由来するのかもしれない。ハシボソガラスでは縦方向に並ぶ縞が不明瞭だが、ハシブトガラスほど明瞭ではないものの、ミヤマガラス、オサハシブトガラス、イエガラス、アメリカガラスにはこの縞が現れている。また、いずれもハシブトガラスに比べると鳴き声はやや高く感じる。ソナグラムを見ても、音圧の高い周波数帯がハシブトガラスより高周波数域に現れている。これは、体サイズに由来するのだろう。いずれもハシブトガラスよりも身体が小さいが、より発声器官が小さいために、より高い音声を発すると考えられる。

ちなみに、オサハシブトガラスはハシブトガラスの亜種、つまり同種であるが、鳴き声の特徴が明らかに異なることは興味深い。

種を超えたコミュニケーションの可能性

ハシブトガラスとハシボソガラスは相互にコミュニケーションを行なっているか、という質問がよくある。この二種の間で、どこまで互いの鳴き声の意味を理解しているかは不明だが、いくつかの鳴き声については、明らかな反応を示し、理解している可能性が高い。そのひとつが警戒時の鳴き声である。警戒時の鳴き声のすべてではないが、あるハシブトガラスの警戒時の鳴き声を再生した際に、ハシボソガラスが警戒行動を示す。逆も同様である。そして興味深いことに、これは前述したほかのカラスに対しても同様に警戒行動を引き出せることがわかっ

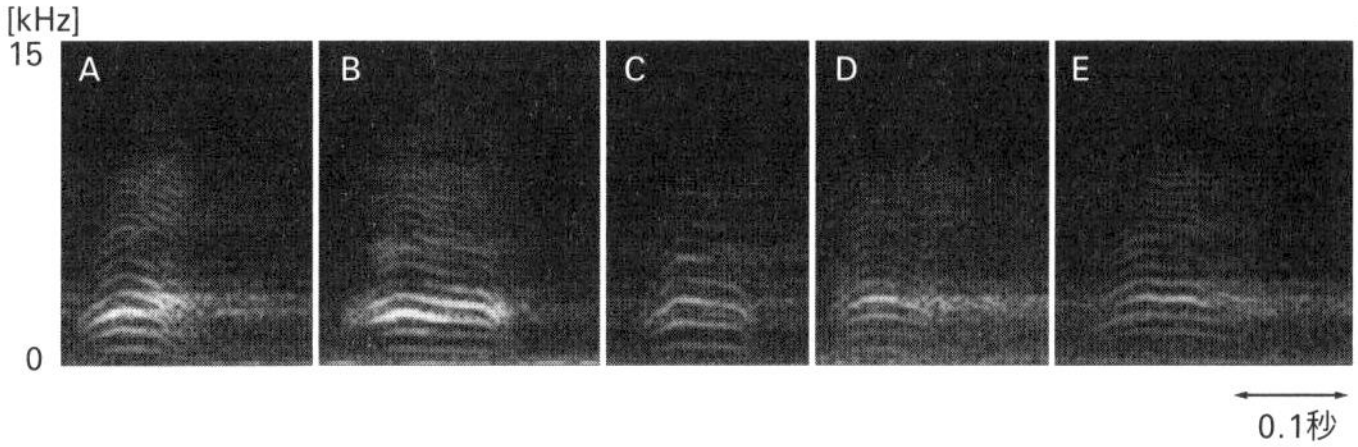

図 4-8　複数の地域のハシブトガラスの鳴き声のソナグラム。青森（A）、福島（B）、栃木（C）、東京（D）、愛知（E）。

た。さきほど示したように、鳴き声の特徴は大きく異なるが、いずれの種の警戒時の鳴き声も別の種の警戒行動を引き出すことを私は確認している。生息環境が重複するハシブトガラスとハシボソガラスであれば、このような反応もわかる。しかし、シンガポールのイエガラスの鳴き声に日本のハシブトガラスが反応する、日本のハシブトガラスの鳴き声にアメリカのアメリカガラスが反応する、といったように、生まれてから一度も聞いたことがない異種の鳴き声に対し、同種の鳴き声と同様に反応を示すことはとても興味深い。熊本市に飛来したミヤマガラスに対し、シンガポールで録音したイエガラスの警戒時の鳴き声を再生した際の実際の動画も見てほしい（QRコード⑳）。このことから、警戒時の鳴き声には、種を超えた普遍的な音響的特徴があるのかもしれない。それについては、現在研究中である。

⑳

　それから、カラスに方言はあるのか、という質問もよくある。私は、日本の各地に出張する機会があり、その都度、宇都宮で収録したハシブトガラスのコンタクトコールをカラスの縄張り内で再生し、反応した際の鳴き声を収録している。場所に偏りはあるだろうが、北海道から沖縄まで、優に二〇〇ヵ所は超えている。図4-8に、いくつかの地域の鳴き声を示した。これを見ると鳴き声の特徴に大きな違いはなさそうである。これから、詳細な分析を行ない、地域ごとの共通性などを調べ、方言、つまり地域差があるかどうかを検証していく。なお、たしかに言えることは、宇都宮のカラスの鳴き声がほかの地域のカラスの反応を引き出すということだ。このことから、地域が違っていてもコミュニケーションは取れると言えるだろう。

二　音声コミュニケーションを利用したカラス対策

われわれは二〇一七年一二月に株式会社CrowLabを創業した。CrowLabでは、長年のカラス研究の知見を活かし、カラスの被害対策に関するコンサルティングや被害対策製品やサービスの提供を行なっている。被害対策の製品やサービスとして実際に現場で活用しているのは、カラスの鳴き声である。他社でもカラスの鳴き声などを使った製品は販売されているが、ほとんどの場合、効果は一時的である。

よくあるのがカラスのディストレスコールを使った対策だ。タカなどにカラスが襲われた際に発する鳴き声を使用することが多いようだが、複数回の再生で馴れが生じてしまう。これを警戒時の鳴き声と組み合わせて再生することにより、対策の難易度の高い畜舎において、カラスの侵入が約二ヵ月間軽減されたとの報告もある。これは、私が発明者でもある、カラスの逃避時のストーリーに合わせた複数の鳴き声を再生する特許技術を使った対策においても、同様に長期的な忌避効果を確認している。

しかしそれだけでは、さらに長期の忌避効果の継続が難しいことがわかってきた。タカがいない状況でディストレスコールを流し続けることは不自然さを強調し、汎化が起きてしまうのだ。汎化を起こさないためには、どうやら現場ごとのカラスにとって自然な鳴き声や再生方法をすることが必要なようだ。CrowLabでは、現場に適した鳴き声の選定や適切な再生方法により、数年にわたり長期的な効果を実現している。それら対策の仕組みや実績などを紹介したい。

ゴミ集積所での被害対策製品「CrowController」

CrowLabでは、創業した最初の年にパートナー企業の力を借り、CrowControllerを開発した（図4－9）。開発といっても、パートナー企業が別の用途で販売していた既存の製品を流用し、再生される音声をカラスの鳴き声に変えた製品である。もともとは、工事現場などで通行人への注意を促すアナウンスをする装置として使われていた。赤外線センサーで通行人を検知し、それをトリガーとしてあらかじめ録音しておいた音声を再生するという仕組みである。赤外線センサーは、熱源の移動

図4-9　CrowController

図 4-10　実験を行なった宇都宮市内のゴミ集積所

を感知する。そのため、ヒト以外にも自動車や動物にも反応するのだ。カラスは的が小さいため、反応するか不安であったが、実験してみるとカラスにも反応することがわかった。ただ、ヒトでは一〇メートル先でも検知するが、カラスでは三メートル程度と距離は短くなってしまう。そのため、局所的な場所での使用に限られてしまう。私たちは、CrowControllerをゴミ集積所での用途に絞り、販売することとした。

さて、このCrowControllerの効果はいかに。宇都宮市内のある自治会に協力いただき、実証実験を開始した（図4－10）。この自治会のゴミ集積所は、住民の意識も高く、比較的しっかり管理されている。対策としてはネットをかけているが、複数のカラスによりゴミが引っ張り出され、ひどく荒らされる日が多々あったそうだ。CrowControllerを設置したところ、カラスの被害は収まった。絶大な効果だと大変感謝された。しかし、三カ月後、被害が発生し始めた。CrowControllerの音声に馴れてしまったようだ。じつはCrowControllerには二種類のチャンネルがあり、チャンネルごとに別の音声が入

図 4-11　佐賀での実験の様子

㉑

㉒

っている。そこで、これまでとは別のチャンネルに切り替えたところ、ふたたび効果が確認できた。馴れたと思われるたびに新しい音声へと切り替えることを繰り返し、長期的に効果が継続している。

CrowController の限界

われわれは佐賀大学の徳田誠教授および佐賀市と共同で、CrowController にとって高難易度の条件での効果検証を実施した。場所は近隣に清掃センターがあり、カラスが絶えず飛来する場所である。ゴミ集積所を模擬的に設定し、ドッグフードを入れたゴミ袋を置き、CrowController を設置した（図4－11）。ネットは使用せず、日中はゴミ袋を置き続け、ほぼ毎日実施するという、試験としてはかなり厳しい条件である。すると、数日は効果が確認できたものの、途中から荒らされてしまった。音声を切り替えても、直後は効果を確認できるが、また数日で荒らされ始めてしまう。それを繰り返すと、音声を切り替えてもすぐに荒らされるようになってしまった。だが、馴れてしまったと思われる状況においても、映像を見ると、音声が再生されると動きを止めるなど、明らかに警戒している様子は見られる（QRコード㉑）。また、できるだけセンサーに反応しないようにしているのか、CrowController の死角から突く様子も見られる（QRコード㉒）。馴れたように見られるが、CrowController の音声が再生されない状況に比べると、明らかにその被害は減少しているようだ。しかしながら、ネットがかけられていない場合、カラスが多数飛来する場所、長時間回収されない状況、それが毎日繰り返されるといった条件だと、CrowController ではカラスのゴミ荒らしを防ぎきれないということがわかった。

CrowController の限界も説明しつつ、販売を開始したところ、各所で好評いただいている。適切な使用方法であれば、おおむね長期的な効果を確認できているようだ。しかし、ゴミ集積所以外ではそうはいかない。過去に、果樹園での食害や畜舎で効果が見られないというお叱りをいただいたことがある。赤外線センサーの検知範囲が狭いため、ゴミ集積所のような局所的な場所でないと効果は期待できない旨はあらかじめ説明しているものの、お客さんが使用する場所を確認してから販売しているわけではなかった。赤外線センサーの検知範囲は三メートル程度であるため、果樹園や畜舎のように数十メートルにわたってカラスの飛来を防ぐような場所には適さない。そもそも音声が再生されないため、当然効果は期待できない。それ以降は、注文フォームにおいて、使用する場所を尋ねることとした。

また、ゴミ集積所であっても、適切な使用方法でないと効果を発揮しないことがわかってきた。宇都宮市の協力で市内複数箇所の自治会に対し、CrowController のモニター貸出を行なった。ほとんどの場所では長期的な効果が確認できたものの、いくつかの場所ではすぐに馴れが生じた。それらの現場を確認すると、使用方法が適切ではないことがわかった。確認できた問題点は、CrowController がしっかり固定されていないケース、常にセンサーが作動しているケース、大きな音量で使用しているケースであった。ある現場では、CrowController をしっかり固定せず、風が吹くとブラブラするような状態で使用していた（図4－12）。赤外線センサーは熱源の移動を感知する。そのため、本体そのものが移動するとセンサーは反応し、音声が再生されてしまう。つまり、この現場では常に音声が再生されている状態であった。また別の現場では、CrowController のセンサーが常にオンの状態であった。都合の悪いことに、人や車通りの多い場所で、やはりここでもさきほどの固定されていないケース同様、常に音声が再生される状態となっていた。もう一カ所は、音量を最大で使用していた。既存の対策にも、音声を使ってカラスを追い払うものは多数あるが、そのほとんどは大きな音量でびっくりさせるという対策である。CrowController は、カラスの警戒時の鳴き声を再生することで、カラスの警戒心を煽る対策のため、ゴミ荒らし

図 4-12　不適切な使用方法

を行なうカラスにだけ聞こえさえすれば、効果は期待できる。そのため、大きな音量で再生する必要がない。これら適切でない使用方法は、効果が早くなくなる原因が共通している。それは、カラスがCrowControllerの音声を耳にする機会が増える点だ。

このモニター試験のアンケートでは、期待された効果が得られなかったという意見もあった。ところが、くわしく話を聞くと、ゴミは荒らされなくなったという。どうやら、CrowControllerを使うと、あたり一帯からカラスがいなくなることを期待していたらしい。CrowControllerには、さすがにそこまでの効果はない。警戒させることで、別の場所への移動を促す対策であるが、しばらくすれば、カラスは餌を得ようと数日後には再度チャレンジするだろう。仮に音声を聞いたカラスはその後飛来しなくなるとしても、食べ物がある限り、別のカラスは飛来する。そのカラスはCrowControllerの音声は経験していないからだ。要は、魅力的な食べ物を排除しないことには、根本解決にはならない。

さて、さきほどの不適切な使用方法の中で、常に赤外線センサーを稼働させている例を挙げた。じつはこれには、CrowControllerのハードの問題がある。電源のオンオフは、装置横のレバーを上げ下げすることで行なう。自動でオンオフされるようなタイマー機能はついておらず、手動で行なう必要があるのだ。

そこでCrowLabでは、パートナー企業とともに、タイマー機能のついたCrowController Ver. 2を開発中である。Ver. 2では、このほか、音声パターンの数を増やし、定期的にパターンが入れ替わる設定とした。現在、実証試験中で、そのなかでまた新たな課題も見つかっており、それらを解決しようと試行錯誤中である。

なぜ長期の効果があったのか

どこの現場でも一〇〇パーセントとはいかないまでも、多くの場所で効果を上げているようで、効果を実感したお客さんが別の場所で使用するために再度購入するケースも多い。まだ課題はあるものの、これまでの同様の製品とは一線を画す製品になったのではないかと自負している。では、CrowControllerがなぜ長期的な効果を上げているのか、分析したい。

まずはこちらの動画をご覧いただきたい（QRコード㉓）。CrowControllerがカラスを検知すると、音声が再生される。この音声は、カラスの警戒時の鳴き声だ。するとカラスはいったん動きを止め、周囲をキョロキョロと見渡す。その後、飛び立つのだ。

㉓

同様の音声が再生される製品の場合、電子音などの音が大音量で再生される。最初は聞き馴れない大きな音にビックリするが、すぐに馴れる。CrowControllerの音声は、カラスが普段から使う警戒時の鳴き声である。近くに警戒しているカラスがいると勘違いし、自分の身に危険が迫っているのでは、と不安に思うのかもしれない。そのため、周囲を見渡すような動きをするのだろう。その後は状況がわからず気持ち悪い思いをするのか、その場から離れるのかもしれない。

CrowControllerの音声は、大きな音でビックリさせる必要はなく、カラスに聞こえさえすればよいため、音量は小さくても効果を発揮する。逆にその場のみ聞こえる程度に音量を抑えることで、カラスが音声を聞く機会も少なくなり、より効果が持続する。

また、この普段から使っている警戒時の鳴き声がポイントである。カラスはこの音声に馴れてしまうことはリスクにつながる。というのは、実際の危険な場面でこの鳴き声を聞くこととなり、鳴き声に馴れて逃避行動を行なわないと、危険な目に遭う可能性があるのだ。逆に、仮にゴミ集積所でCrowControllerの音声に馴れてしまったとしても、実際の危険な場面において、同様の鳴き声を聞いて、逃避しなければならない危ない状況のときの鳴き声であると再度学習することになるだろう。その結果、CrowControllerの音声の効果が再度発揮されることとなる。

これらの理由により、CrowControllerが長期的に効果を発揮していると考えられる。

CrowLab音声ライセンス「だまくらカラス」

第1章にて紹介したとおり、カラス被害はゴミ集積所だけではない。CrowLabに多い依頼は、駐車場での自動車へのイタズラや市街地の糞害、果樹園での食害などがある。残念ながらCrowControllerでは、センサーの検知範囲の問題から、これらの被害を防ぐことはできない。

CrowLab立ち上げ初年度、広範囲の場所でのカラス被害を防ぐ手段を模索した。

CrowController同様、センサーでカラスの飛来を検知するとした場合、距離を克服するには、画像認識によりカラスを検知する方法が最初に思いつくだろう。技術的には難しくないが、私たちは当初この手段を選ばなかった。その理由として、コストの問題がある。画像認識をするうえで、当然カメラが必要となる。また、情報を処理するPCに加え、システムによってはネットワークも必要だ。結局コストが上がり、それは価格に反映されてしまう。

一方、そこまでの検知は必要ないのでは、という考えもあった。その理由は、市街地の糞害の場合、カラスの飛来する時間は日の入り前後と、音声を再生すべきタイミングをある程度予想できるからだ。また、頻繁でなければ関係のないときに音声が再生されても問題ないことは、CrowControllerの実験からもわかっていた。つまり、タイマー設定を行ない、ある程度間隔を空けて音声が再生されるようプログラムすれば、カラスを別の場所へと移動させ、被害を軽減できるだろうと考えた。

それから、ゴミ集積所であれば、燃えるゴミの日の週二日間対策を行なえばよいが、多くの現場はそうはいかない。果樹園であれば実りの時期など年に二カ月程度であるが、その間は毎日対策を実施する必要がある。市街地のねぐらであれば、糞害が半年など長期に及ぶ場合もある。駐車場のイタズラであれば、季節問わず被害が発生する場所もある。そのため、馴れに対する対応が必要となる。現場の状況やカラスの音声に対する反応の変化に合わせて、音声を交換しなければならない。ある意味、コンサルティングが対策の要となる。CrowControllerのように、販売して終わりというわけにいかないのだ。そこで、コンサルティングや音声交換といった保守サービスが込みのサブスクリプションサービスを展開することとした。これが、CrowLab音声ライセンス「だまくらカラス」である。

その後、だまくらカラスは多数の現場で活用されることとなった。しかし、現場ごとに効果の程度が異なり、再生する音声や再生方法を現場ごとに工夫しなければ効果が続かないことがわかった。現在でも試行錯誤しつつ取り組んでおり、徐々にそのノウハウが蓄積されている。同時にだまくらカラスの限界も見えてきた。そこで、長期的に効果が確認できた場所、そうでない場所など、これまでの被害現場での活用事例を紹介したい。

市街地への糞害対策

CrowLabにもっとも多い依頼は、市街地での糞害だ。八戸市では、秋から冬にかけて中心市街地に多数のカラスが飛来し、電線などをねぐらとする。そのため、電線下の店先の歩道などは糞で汚れる。掃除をしても、一晩でまた元どおりだそうだ。客商売であれば放置しておくわけにもいかず、大変苦労されていた。電力会社もどうにか被害を減らそうと、テグスや棘《とげ》状のものなど、電線や電柱にさまざまな飛来防止器具を付けているが、ほとんど効果はない。何か付いていると多少は邪魔に感じるようで、器具を設置していないよりは止まりにくくなるようだが、周辺一帯の電線に設置すると、止まるようになるそうだ。カラスに突かれたのか劣化し

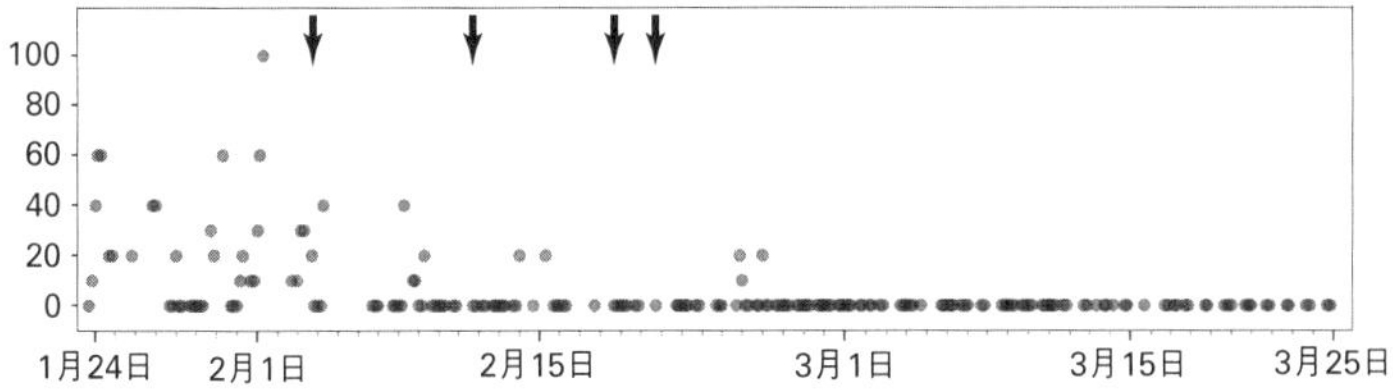

図 4-13 カメラによる定点観察を行なったある電線に止まっていたカラスの羽数の変化

図 4-14 糞害が発生していた場所でのカラスの飛来状況の実験前後の比較

たのか、道路には器具の一部がむなしく落ちている。市の職員により、ライトを照らしての追い払いなどを行なっていたそうだが、効果は一時的であった。

二〇一九年度に市内でも集中的な糞害が確認される中心街の一ブロック（四ヘクタール程度）にて実証実験を行なった。その結果を図4-13に示した。ある電線では、実験開始前の一週間（一月二八日〜二月三日）は一日に平均して一八羽ほど観察されていたのが、実験開始からの一週間（二月四日〜一〇日）では平均六羽と三分の一に減少し、その後も減少していた（図4-14）。実際、市街地での集中的な糞害は見られなくなり、例年に比べ苦情も減った。

図 4-15 熊本市の中心市街地をねぐらとするミヤマガラス

このように、市街地において、広域かつ長期的にカラスの糞害を軽減できたのは、全国初の例である。その後、本格的な導入が始まり、二〇二〇年度、二〇二一年度、二〇二二年度と四年続けて市街地の糞害を軽減できている。

熊本市では、ここ数年、冬になると多数のカラスが市街地をねぐらにする。しかもその中心は大陸から渡ってくるミヤマガラスだ（図4-15）。ミヤマガラスは集団で行動する習性があり、そのぶん、糞害も目立つ。熊本市では、これまで、ライトによる追い払いを実施していたが、一時的にしか追い払えず、糞害の軽減には至っていなかった。

二〇二〇年度に、CrowLabのサービスを提供するとともに佐賀大学の徳田教授と共同研究で効果検証を行なった。中心市街地にある花畑公園がねぐらとなっていたが、そこで一二月より一カ月程度音声を再生した。すると花畑公園だけでなく、熊本城付近や繁華街のカラスのほとんどが姿を消した。佐賀大学の調査によると、一〇キロメートル程度離れた山地へとねぐらを移した。集団で行動する習性を持つミヤマガラスだからゆえに、ねぐらが別の場所に移ったものと考えられる。

この取り組みは二〇二一年一月二八日の熊本朝日放送にて「熊本市中心市街地　カラス追い払い実験『九割減った』」、二〇二一年三月一三日の朝日新聞にて「カラス撃退　熊本市に軍配　実証試験『成功』」など、さまざまなメディアにて紹介された。

成功を収めた二〇二〇年度に続けと、二〇二一年度の冬も対策が実施された。ところが、そうことはうまく運ばない。結論から言うと、二〇二一年度には市街地からねぐらを移すことはできなかった。そもそも市街地の中でのねぐらの位置など、カラスの動きもこれまでと異なっていたこともあるが、音声の再生方法に問題があったようである。二〇二〇年度では、音声をタイマー制御で再生していた。しかし、運用上の都合により、二〇二一年度は人が装置を持ち、歩きながらカラスがいるところに向けて再生するという方法で実施した。すると、カラスの反応が弱く、すぐに馴れてしまったようだ。これまでいくつかの現場でも確認されたことだが、人がスピーカーを手に持って音声を再生すると、馴れが促進されるようだ。もしかしたら、カラスは音声と人を関連づけて学習しているのかもしれない。

二〇二二年度では、これらの反省を活かし再生方法を改善した。その結果、二〇二〇年度ほどではなかったものの、中心市街地のカラスを半減させることに成功した。また、糞害が目立つ電線などに対し、集中的に音声再生を実施したところ、中心市街地に残ったカラスも、糞害が目立たない高い建物屋上などに移動し、糞害を軽減できた。

八戸市、熊本市以外にも多数の自治体より依頼を受け、だまくらカラスのサービスを提供している。すべての現場でうまくいっていると言いたいところだが、一部の現場では残念ながらうまくいっていない。うまくいかない原因として考えられることがいくつかある。たとえば、スピーカーの設置箇所を固定した場合である。馴れが見られた場合などは、音源の位置を変えることで、ふたたび高い効果を発揮することがわかっており、それを推奨しているものの、各自治体の事情でスピーカーの設置箇所を固定せざるを得ない場所がある。同じ場所に固定していて、長期的に効果が持続している現場もある一方で、効果が低くなってしまう現場もあることがわかった。とくに夏から秋にかけて集団ねぐらを形成している場所において、ねぐらの規模がピークを迎える秋にその傾向があるようだ。

夏から秋に形成される集団ねぐらは、秋の始まりにピークを迎えて一カ月ほど経過すると一気にねぐらを変える。その原因はわかっていないが、それぞれのねぐらには収容できる羽数がある程度決まっていて、溢れるくらいに規模が大きくなると、より多くを収容できる別のねぐらへと移動するのかもしれない。そうであれば、最初から大きなねぐらにいればよさそうなものだ。そうでない理由は、ねぐらの広さと利用するカラスの羽数に関係すると私は考える。できる限り、ねぐら内のカラスの密度を高くしておきたいのではないだろうか。密度が高いと天敵に襲われるリスクが減ることや、よい餌場などの情報を得やすいと思われる。夏から秋は、子育て中のカラスたちはそれぞれの縄張りで過ごしているため、ねぐらには合流しない。そのため、夏から秋のねぐらを形成するカラスの羽数は、冬に比べ少ないのだろう。密度を高くするため、比較的狭いねぐらを選んでいるが、親元を離れた若鳥や子育てを終えた親ガラスが合流することで、いよいよ収容しきれなくなると、広いねぐらへと移動するのではないだろうか。

だまくらカラスがうまくいっていない市街地の集団ねぐらでは、音声を再生することで、警戒はするものの、とどまることで感じる不安とねぐらを変える不安とを天秤にかけ、その場にとどまるという判断をカラスがしているのでは、と考えている。そこで、これを解決するため、単純な追い払いだけではなく、ねぐらを変えてもよいかもと思わせるような誘導を組み合わせた技術を開発中である。これについては次節にて紹介したい。

農作物への食害対策

夏から秋にかけては、果樹園でのカラスによる食害の相談が多い。これまで、モモ、ブドウ、ナシにてサービスを提供しており、ほとんどの場所で被害を大きく軽減できている。

北海道の池田町はワインで有名であるが、そのワインのもととなるブドウがカラスに狙われる（図4－16）。池田町の職員の方によると、私たちのサービス導入前は、ある四ヘクタールほどの圃場において、九割のブドウが収穫直前にカラスの集団に食べられてしまったそうだ。はじめてだまくらカラスを導入した二〇二〇年は、収穫の一カ月ほど前から音声を再生し、カラスの食害をほとんど防ぐことができたそうだ。その成果を受け、二〇二一年以降には新たに別

図 4-16　カラスの食害を受けていた池田町のブドウ畑

の圃場にも導入され、両圃場で被害を軽減できた。十勝ワインの生産に貢献できたようでとても嬉しい。

一方、ある地域ではカラスによるナシの食害が深刻であった。そこでもサービスを導入してもらったが、効果を確認できなかった。その原因は明らかで、再生方法に問題があった。そのころは、サービスを提供し始めた初期段階であったため、お客さんへの説明の仕方が悪く、再生方法がうまく伝わっていなかった。また装置を貸し出した相手は、市の職員さんだったが、実際に使用していたのは農家さんであったため、伝言ゲームになってしまい、農家さんの判断で再生していたようである。市の職員さんからは、「最初は効果があったようですが、すぐに効果がなくなってしまったようです」と申し訳なさそうに報告を受けた。使用した農家さんから直接話を聞ける機会もあり、よくよく聞いてみると、どうやら最大音量で音声を再生していたのである。音量が大きければ大きいほど効果が高いと思ったようだ。たしかにそう思っても不思議はない。似たような製品の多くは爆音で音声が再生される。また、大きいほうがビックリして、カラスも最初は激しく反応する。CrowLab の音声は大きな音で驚かせるわけではなく、カラスが普段から使っている警戒時の鳴き声を再生することで、警戒しているカラスが近くにいると思わせ、別の場所への移動を促す対策である、という理屈はなかなかわかりづらい。また、音量が大きいほうが遠くのカラスまで聞こえるので、効果範囲も広いと感じてもおかしくはない。

大きな音量で再生することの問題点がふたつある。ひとつ目は、カラスの実際の鳴き声よりも極端に大きいとカラスが違和感を覚える点である。CrowLabの対策は、いかにカラスをだますかが肝である。そのため、実際のカラスの鳴き声よりも大きければ、カラスはすぐにおかしいと感じ、瞬く間に効果はなくなるのである。ふたつ目は、守りたい場所以外の場所まで聞こえてしまう点である。遠くまで聞こえるということは、圃場と関係ないところにいても耳にしてしまうため、カラスが装置の音声を耳にする機会が増えるのだ。音声は聞けば聞くほど馴れやすくなるため、馴れも促進され、効果も薄くなる。圃場に入ってきたときにはじめて耳にするほうが、この場所は危ないのではとカラスに思わせることができる。周囲一帯に聞こえていれば、次第に警戒すべき対象とは思わなくなるのだ。

これ以降、再生方法のコツが書かれた虎の巻を作成し、効果がある理屈についてもできるだけわかりやすく説明するように力を入れた。その結果、同様の失敗は防げている。

営巣対策

春になると、カラスによる営巣が問題となる。とくに変電所や電柱など、巣材が電力事故を引き起こすことにつながり、電力会社は対策に必死である。CrowLabにも相談は多い。そこで二〇二一年に二カ所で試験を行なった。

ひとつ目は、私が所属する宇都宮大学内の建物で、毎年営巣されてしまう場所だ。三階建ての三階外壁部にある足場がお気に入りの営巣場所らしい。二月ごろ、屋上に設置したスピーカーからだまくらカラスの音声を再生し、様子を見た。結果を先に言うと、残念ながら営巣を防ぐことはできなかった。音声が再生されると、近くを行ったり来たりし、警戒や威嚇の鳴き声を発するなど明らかに警戒する反応を示した。しかし、警戒はするものの、木の枝などを運び、そのまま巣をつくり、卵を温めている様子も観察されたことから、実験は中止した。定点カメラの映像によると、無事に（？）ヒナはかえっていたようである。

ふたつ目は、ある栃木県内の工場から依頼を受けて行なった実験だ。特別高圧受変電設備と呼ばれる、高い電圧のまま電気を受け取り、施設内で電圧を変換する設備の鉄鋼部にカラスが営巣してしまったという（図4－17）。電気事故の恐れから、電力会社に依頼し、一度撤去したらしい。その後の再営巣を防ぎたいということである。三月中旬ごろに訪問し、音声を再生した。訪問した際は、まさに営巣中であった。綿のような柔らかそうな素材を運んでいたことから、もう営巣終盤なのだろう。音声を再生しても、我関せずといった感じで、まったく反応はない。そのまま繁殖活動を終えて、実験は終了した。

というわけで、二戦二敗の完敗であった。だまくらカラスの音声で営巣を防ぐことはできないのだろうか。往生際の悪い私は諦めず、これまでの失敗は対策の開始時期の問題ではないかと考えた。カラスが営巣場所を決める前であれば、営巣防止が可能かもしれないと思った。というのは、カラスのペアは営巣前に縄張りを持ち、その中で子育てにふさわしいと思った場所に営巣するのである。とすれば、縄張りを持ってから、営巣場所を決める前に、ここは子育てにふさわしくない、つまり営巣場所には適さないと思わせればよいのだ。

そこで翌年、再度だまくらカラスでの営巣防止に挑戦した。今回は、昨年失敗した二ヵ所に加え、電力会社の協力を得て、さらに二ヵ所、合計四ヵ所にて試験を行なった。新たな二ヵ所は変電所で、毎年のように営巣の実績がある場所だ。いずれの場所も一二月から一月に音声の再生を開始した。

図 4-17　特別高圧受変電設備に営巣するカラス

その結果、なんと実験を行なった四ヵ所すべてで営巣を防ぐことに成功した。やはり開始時期の問題であったのだ。カラスは一度営巣場所を決めてしまうと、その場所への執着が非常に強くなる。電気事故の恐れがある場合の巣はよく撤去されるが、そのすぐあとに同じような場所に再度営巣するくらい場所への執着が強いのだ。だが、営巣場所を決めるまでは慎重なのかもしれない。営巣場所は見通しがよいなどの好条件があるのだろうが、その場所に行くと、高確率でほかのカラスが警戒する鳴き声が聞こえるとあれば、この場所は何かあるのでは、子育てにはふさわしくないのではと思ってくれるのかもしれない。結果として、縄張り内の別の場所に営巣するのだろう。電力会社からすれば、電気事故の恐れがない場所への営巣であれば、とくに問題はないのである。

餌場での対策

食品工場や魚市場、食肉処理施設などでは、廃棄物などを狙ってカラスが飛来する。カラスにとって魅力的な食べ物が多数あることから、執着も強い。そのため、対策の難易度は非常に高い。

ある菓子工場では、廃棄物を狙って敷地内に多数のカラスが飛来する。もちろん建物内に侵入するわけではないため、お菓子をつくる過程に問題は発生しないが、敷地内にカラスが多数いること自体が、イメージを悪くする。とくに工場見学のお客さんが持つイメージなどは気掛かりだという。

CrowLabのサービスを導入したところ、飛来するカラスの数は激減したという。残念ながら場内へのカラスの飛来をゼロにすることはできないし、廃棄物が置いてある場所の近くには、時間帯によっては複数羽のカラスが飛来してしまうが、効果は実感してもらっているようだ。

ある魚市場では、魚を水揚げしたあと、処理した内臓にカラスが群がるそうだ（図4－18）。

図 4-18　魚の内臓に群がるカラス

また、水揚げした魚の仕分け作業の際に、人が離れたころを見計らって飛来し、魚を突くこともあるという。もちろん突かれた魚は商品にならないし、場内へのカラスの侵入は衛生面でも心配である。

魚市場の方のニーズとしては、市場内全体への侵入を防ぎたいという。しかし、作業の関係や構造上の問題で、ネットなどで物理的に侵入を防ぐことは難しいそうだ。そこで、CrowLab のサービスを導入してもらった。CrowLab のサービスを開始して間もないころであったため、私たちとしても適切な再生方法が確立できておらず、また限界も知らなかった。どこまでニーズに応えられるか不安であったが、試験的にいろいろと試させてもらうことにした。市場は全長二キロメートル近くあり、広大であることから、すべての場所にスピーカーを設置することは難しい。そこで最初は市場全体にアナウンスするための既設のスピーカーを使ってみることにした。しかし、効果は一時的であった。適切な音量で再生できていたかどうかの問題もあるかもしれないが、一度に場内全体に同じ音声が再生されるのが不自然ということもあるのかもしれない。次に、人が手に持ってカラスに向けて再生することにした。これは前述どおりで、すぐに馴れてしまった。最終的には場所を絞り、とくにカラスに侵入されては困る場所に装置を設置することとした。すると、カラスの飛来を減らすことに成功した。残念ながら最初のニーズに応えることはできていないが、一定の効果を認めてもらっている。

ある食肉処理施設では、家畜を食肉に処理する過程で発生する内臓などの廃棄物を一時的に保管する場所があり、内臓を目当てにカラスが多数飛来するという。食品を扱う手前、場内にカラスが侵入すること自体が、衛生面やイメージの問題がある。さらに、内臓を持ち去って、敷地外に落とすことがあるという。近所の方からしたら何事かとビックリするだろう。苦情が寄せられることもあるそうで、人一倍周囲に気を遣っているこのような施設にとっては、大変頭の痛い問題だ。

こちらの施設でも、やはり施設内の侵入を防ぎたいというニーズであった。実証実験を開始し、カラスの様子をビデオカメラで確認した。初日はカラスの飛来は確認されず成功かと思いきや、翌日からは内臓に群がるカラスが確認された。よくよく様子を見ていると、明らかに警戒している様子はあり、滞在時間も短い。おそらく内臓を持ち去る量も減っているはずだが、施設内に侵入するカラスの数は減らず、お客さんのニーズに応えることはできなかった。

音声により警戒を促すことはできているようだ。だが、警戒しつつも魅力的な食べ物の誘惑には勝てないのだろう。食い気が勝ち、リスクを取っているといった感じか。このような現場では、現状のCrowLabの対策で施設全体へのカラスの飛来を防ぐということは難しく、技術の限界であることがわかった。

さまざまな被害現場でのだまくらカラスの活用事例

畜産現場でのカラス対策のニーズは非常に高い。しかしながら、餌場同様に難易度は非常に高い。場所によっては劇的な効果を発揮するが、まったくうまくいかない現場もある。だが、これまで蓄積してきたノウハウをもとに、パートナー企業とともに畜産農家の現場に合った手法を開発したところ、長期的な効果を確認できた。現在、サービスインに向け、細かい調整を行なっている。

自動車への被害対策の依頼も多い。自動車メーカーのモータープールや企業の駐車場などで、自動車のボディを傷つける、ワイパーを持って行ってしまう、窓ガラスのパッキンを突くなどの被害に対し、サービスを提供している。どこの駐車場にも被害があるわけではないが、近くに畜産施設がある、ねぐらがあるなどの場合、このような被害が発生しやすいようだ。いずれの現場でも長期的に被害を軽減できている。

太陽光発電所でのカラスの石落としによるソーラーパネルの破損対策についても長期的に効果を発揮している。先の駐車場同様、やはり畜産施設などが近隣にある場所で被害が発生するようだ。ある発電所では月に五〇枚が割られる被害があったが、それらを劇的に軽減することができた。

配送物を突いてしまうという物流倉庫での被害の相談も多い。これらも多くは長期的に被害を軽減できている。ある倉庫団地では、その中の一法人に導入してもらったところ、設置した倉庫では劇的な効果が確認できた。しかし、その結果、ほかの法人の倉庫の被害が増えて苦情がきてしまい、長期的な導入に至らなかった例がある。だまくらカラスによってカラスは消えるわけではない。効果範囲外で近くに同様の魅力的な場所があれば、当然そこの被害は増えるだろう。そんなときは団地全体での導入が望ましいが、それに伴い、カラスの餌場の選択肢がなくなることから、団地全体での被害の軽減は難しくなる可能性もある。

三　カラスをだます最新研究

CrowLab の技術は、これまであらゆる対策を試してうまくいかなかった被害現場において、長期的な効果を実現してきた。しかし、万能ではなく限界もある。すべての現場や状況に対応できるよう、また、より効果の高い対策の実現のため、さまざまな研究機関やパートナー企業とともに研究開発を行なっている。ここではカラスをだます最新研究を紹介したい。

カラスの危機的状況を再現した「パタパタロボ（仮）」

食肉処理施設など、カラスにとって魅力的な餌があるような場所では、だまくらカラスで警戒心を引き出すことはできても、被害を軽減できないような現場がある。それらに対応するにはより強力な対策が必要となるだろう。しかし、カラスが天敵に襲われているときの鳴き声や断末魔のような鳴き声など、より強力と思われる音声を使用したとしても、一時は高い効果が得られるが、そのような鳴き声が常に流れるのは不自然と感じるのか、馴れも早いうえ、汎化も起こりやすいことがわかっている。やはり、実際に猛禽類に襲われているような状況などがないと、カラスはだましきれないのだ。

そうであれば、実際に危機的状況に陥っているカラスを再現すればよいのではなかろうか？そこで考え出されたのが、「パタパタロボ（仮）」である（口絵⑨）。カラスが捕まっているような状況の際の動きを再現するロボを開発した。まず、実際のロボの動きを動画で見ていただきたい（QRコード㉔）。ヒトが見てもビックリするくらい、再現度が高いと自負している。

㉔

このロボの稼働時には、近くにスピーカーを置き、危機的状況の際の鳴き声も再生する。そのほかに重要な点が二点ある。

ひとつは実際のカラスの剥製の翼を使用している点だ。カラスは紫外線を認識できるうえ、四原色で物を見ている。そのため、私たちよりもはるかに優れた色覚を有している。また、カラスの翼は単なる黒ではなく、見る角度により、青や紫などの光沢が見える構造色を有する。この構造色を再現するのは相当大変だろうし、コストもかかるだろう。また、カラスの優れた色覚をだませたかどうかまで検証するには大変な時間がかかる。そうであれば、実際の翼を使用してしまったほうが話は早い。

このロボのもうひとつの重要な点は、翼以外の胴体部分を隠している点だ。カラスがつかまっているような動きを再現する場合、動力部分はモーターを回転させ、翼がパタパタと上下運動を繰り返すようなつくりが簡単である。そのような動力部分を有したうえで、精巧な胴体部分をつくるのは難易度が高い。それならばシート状の物で覆って、いっそ隠してしまえという発想である。この際、中身が見えなければなんでもよいのだが、たまたま選んだのがアルミ蒸着シートであった。この選択がとてもよかった。シャカシャカ音が鳴り、妙にリアルさが出る。カラスがどう感じているかはわからないが、少なくともヒトにはリアルに感じてもらえるのだ。

さて、このロボの効果はいかに。短期的な実証実験はすでに複数箇所で実施済みである。ある堆肥場では常時カラスが多数飛来していた。実験にはもってこいの現場で、ここでロボに対するカラスの反応を調べた。ロボが稼働してすぐに一羽のハシボソガラスが警戒の鳴き声を発しながら飛来してきた。数メートルまで迫ると、ロボを確認したのか、かなり緊迫したときの鳴き声を発しつつ、急いでUターンした。そのときの慌てふためいている様子をぜひご覧いただきたい（QRコード㉕）。

さて、じつはこのパタパタロボは一号機である。一号機は、製品化するうえでは問題を抱えていた。ひとつは、翼を動かすにはそれなりの力が必要で、大きなモーターでなければならない。そのようなモーターはホビー品などでは売られておらず、産業用になってしまう。そのため、小ロットでの入手が困難で、また入手できたとしても高額である。それでは、販売価格も高くせざるを得ない。また、翼と本体の接続部に強い負荷がかかるようで、長時間の駆動により、破損が起きやすい。カラスの翼の長さは両翼で一四〇センチメートル程度あるが、それを動かすカラスの胸肉がどれほど強靭か感心するばかりだ。さらに、想定される使用場所のほとんどは、果樹園や畜舎など、雨水やほこりなどにさらされる過酷な現場であるが、防水防塵などへの対応ができていない。

そこで、翼を動かす負担を減らした二号機を開発した（口絵⑩）。二号機は、ステッピングモーターと呼ばれる一定の回転角度で断続的に軸を回すモーターを使用し、上下の動きをコントロールしている。翼との接続部にも改良を加え、長時間の駆動に耐えられる形とした。防水防塵については、プロトタイプであることもあり、ひとまずジッパー付きの袋で簡易的に対応している。なお、モーターをホビー品にしたことで、消費電力も下がり、小さなモバイルバッテリーでも駆動できる仕様となった。カラス対策では、電源が確保できないという問題がいつもつきまとうが、これならば、太陽光パネルなどで電源を確保できそうだ。

㉕

ただ、二号機は動きの精巧さが一号機に比べだいぶ劣ってしまった。実際の動きもご覧いただきたい（QRコード㉖）。動きもかくかくしており、音もいかにも機械っぽい。さて、これでカラスをだますことができるのか？

そこで、食品工場にて試験をすることとした。ここの工場では、お菓子をつくっているが、その廃棄を集めている場所に多数のカラスが飛来する。ここで、ひと月に一度程度、カラスの集まる時間帯に、従業員の方に二号機を駆動してもらった。すると、上空を多数のカラスが旋回する様子が見られ、明らかに反応していたようで、従業員の方からは大変好評いただいている。この効果が長期的に持続するか、まさに検証中である。

㉖

カラスの群れの誘導

単純に追い払うだけでなく、任意の場所にカラスを連れて行くことができるのであれば、いろいろな問題が平和的に解決し、カラスとヒトが共存する社会が実現するかもしれない。そんな夢のような技術にチャレンジを始めたのは二〇一七年九月のことである。当時の私は総合研究大学院大学で助教をしており、シンガポール国立大学の研究員であった末田航氏（現在はシンガポール国立大学からスピンオフしたスタートアップ企業のSenseFoil PTE. LTD. のFounder CEO）と東北大学の北村喜文教授との共同研究としてスタートした。

舞台は山形市の市役所周辺だ。市役所前の木立は二〇〇〜三〇〇羽のカラスのねぐらになっており、付近の道路は糞で真っ白であった。山形市の協力のもと、二〇〇メートル程度離れた

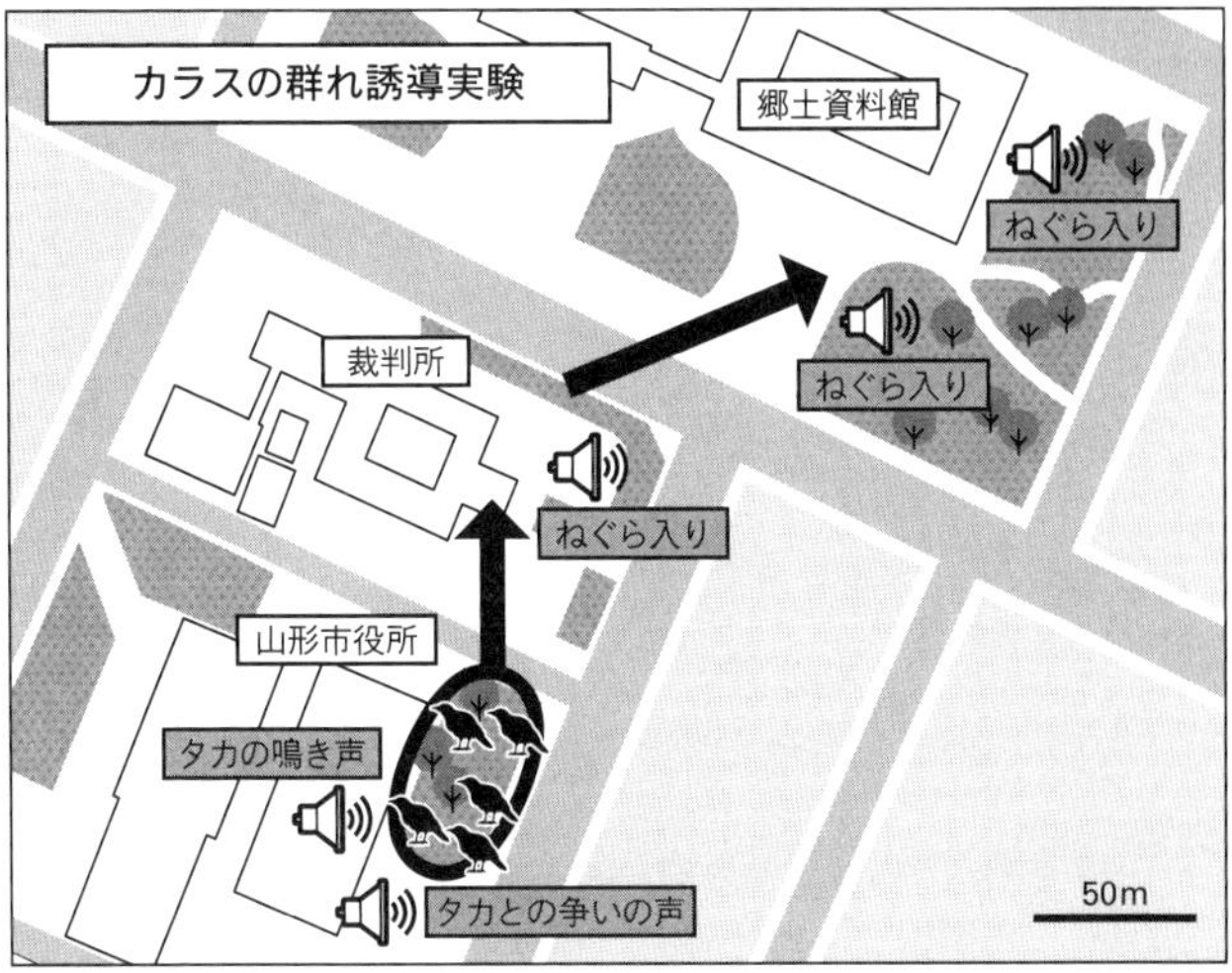

図 4-19　山形市での誘導実験

場所へとねぐらを移動させることに挑戦した。市役所の一階には広報車を、六階テラスにはスピーカー一台を置き、広報車からは猛禽類と争うカラスの鳴き声を、テラスのスピーカーからはオオタカの鳴き声を再生した。また、誘導したい先には五〇〜一〇〇メートル間隔でスピーカーを三台置き、それぞれからカラスがねぐらに入る際の鳴き声を再生した。カラスにいてほしくない市役所前には、カラスの追い払いに効果的と思われる音声を再生し、誘導したい先には、どちらかというと平和なシチュエーションの鳴き声を再生した（図4−19）。

結果、これは大成功であった。木立にいた二〇〇羽以上のカラスが、狙いどおり誘導したい先へと移動した。通常、猛禽類の鳴き声や猛禽類と争う鳴き声などを再生すると四方八方へと離散する。しかし、ねぐらに入る際の鳴き声を再生すると、それらのスピーカーのある場所へ向かって一方向に移動した。山形市での実験は、年をまたいで三回実施し、いずれも同様の結果であった。

しかし、この誘導技術を実用化するには、解決しなければならない三つの課題がある。ひとつ目は音声などに馴れないか、ふたつ目は誘導先に群れを定着させられるか、三つ目は遠方まで誘導できるかである。

ひとつ目については、この山形市の実験のあとに立ち上げたCrowLabの事業のだまくらカラスにおいて、ノウハウが蓄積し、長期的に効果を発揮する方法がわかってきたので、おそらく解決できるだろう。

ふたつ目だが、誘導した先に定着させるには、カラスにとってよい場所だと思わせなければならないが、カラスにとって何がよいねぐらの条件なのか、正直よくわかっていない。だが、これまでの経験から、見通しがよいとか、止まりやすい木があるとか、雨風をしのぎやすいとか、ねぐらに共通する条件はあり、ある程度当たりはつく。そして、ねぐらになるうえでは、きっかけが必要と思われる。それは最初の一羽を用意することと思われる。次に紹介する剝製ロボがその役目を担うと考えており、次項で紹介したい。

三つ目が最難関と思われる。カラスにいてほしくない場所からいてもよい場所への誘導を考えた際、いてもよい場所というのがなかなか選定に苦労する。おそらく数キロメートル先の郊外の山などが候補になるのではないか。仮に二キロメートル誘導するとする。山形市での実験では二〇〇メートルの誘導にスピーカーを五台使用した。二キロメートルでは一〇倍の五〇台必要という計算になる。これはなかなか現実的ではない。そこで考えたのはドローンである。ドローンを使ってカラスの群れを長距離で誘導できないかという話だ。これについては次の次の項で紹介しよう。

剝製ロボでカラスをだますことはできるか？

二〇一四年に末田氏と「カラスと対話するプロジェクト」を立ち上げた。地上と空のロボットを使って、カラスの行動をコントロールしようとするプロジェクトだ。ここで開発したのが、カラスの剝製ロボットとカラスドローンである。これらのロボたちに擬似的に会話をさせ、周辺のカラスをこの会話に巻き込むことで、カラスの行動に影響を与え、意図する行動をさせるのが狙いである。私としては、カラスにとってのカラスらしさが何であるのかを知りたいということにも興味があった。このプロジェクトでは、ロボを本物のカラスであるとカラスに思わせる必要があったが、その過程で、見た目や鳴き声など、どんな要素がカラスをカラスと認識するうえで重要であるかを知る手がかりを得ることができるかもしれない。

やはり、見た目は重要であろうと思い、まずはカラスの剝製への反応を調べた。剝製のそばにスピーカーを置き、カラスの鳴き声を再生することで、あたかも剝製が鳴いているように仕込んだ。これをカラスの縄張りに設置した。通常、縄張り内で別のカラスの鳴き声を再生すると、縄張りへ侵入者が現れたと勘違いし、警戒行動を取る。私は剥製が攻撃されるといった、より強い反応を引き出すことができるのではと予想した。ところが、予想に反して、カラスは剥製を一瞥《いちべつ》すると去っていった。スピーカーのみのときよりも反応が薄かったのだ。場所を変えて同様の実験を何度か行なったが、なかには警戒行動を取る個体もいたものの、多くは反応が薄かった。理由はよくわからないが、少なくとも剥製を生きたカラスとは思わず、警戒すべき対象と認識しなかったのだろう。スピーカーのみの場合、音声の出どころがわからず、気持ち悪いのかもしれないが、剥製があることで、かえって音声の出どころを把握でき、しかもそれが脅威をもたらす存在でないため、警戒行動を取らなかったのではと考えている。

カラスにとってのカラスらしさは、どうやら見た目の精巧さ以外に動きが重要かもしれない。剥製ロボへの期待が高まる。ロボの製作は木更津高専の栗本育三郎教授や学生たちの協力を、また、剥製部分は剥製の製作販売を行なうアトリエ杉本さんの協力を得た。ロボ部分を木更津高専にて作成後、アトリエ杉本さんでカラスの皮を被せた。頭と尾羽が動き、とてもリアルである（口絵⑪）。剥製ロボの動きをぜひご覧いただきたい（QRコード㉗）。

㉗

さきほどの実験と同様に、剥製ロボとスピーカーをカラスの縄張りに設置し、カラスの反応を見た。すると、これまでにないくらいけたたましく警戒の鳴き声を発し、剥製ロボ近くまで接近してきた。実際の反応はこちら（QRコード㉘）。別の場所でも実験を行なったが、カラスがイライラしているときに行なう枝落としを高頻度で行なうなど、激しい反応を示した。

㉘

この剥製ロボをカラスにカラスと思わせることができたかどうかは、カラスに聞いてみないとわからないが、カラスにとってのカラスらしさの重要な要素のひとつは動きと言える。じつはこの基礎研究の成果は、先に登場したパタパタロボのアイデアに結びついている。見た目の精巧さに動きを加え、そのシチュエーションに合った鳴き声を再生することで、危機的状況を再現し、カラスの強い警戒行動を引き出すことができた。

さて、この剥製ロボの用途として、カラスにとってのカラスらしさを探る基礎研究のほか、前項の群れの誘導に応用できるのではと考えている。群れの誘導技術を実用化するうえでの課題のひとつである定着に一役買うかもしれない。というのは、カラスは、群れが群れを呼ぶ傾向にあり、集団ねぐらなどでも、先に数羽がいるとその場所に集まってくる。これは、すでに別のカラスがいるということは、その場所が居心地のよい場所や安全な場所である可能性が高いと考えられるためだろう。また、集団のほうが、たとえ猛禽類に襲われた場合でも、自分が襲われるリスクも減る。さらに、多くの目があれば、猛禽類の接近にも気づきやすいだろう。そのようなメリットから、別のカラスがいれば、群れを誘導しやすいのではと考えている。そこで、定着させたい場所に剥製ロボを置き、集団ねぐら形成のきっかけにするのだ。まだ頭の中でのシミュレーションの段階のため、実際にうまくいくかどうかは乞うご期待。

ドローンでカラスをだますことはできるか?

続いては空のロボ、ドローンの登場だ。こちらも末田氏や東北大、木更津高専との共同研究である。もし、カラスにカラスと思わせるドローンをつくることができれば、先の誘導技術の最難関、距離の問題の解決につながるだろう。しかし、これはなかなか難しいことがわかった。

まず、ドローンに対し、カラスはどう反応するか? ドローンというと、複数のプロペラが回転し、垂直上昇する回転翼機を想像するかもしれない。もちろん回転翼機へのカラスの反応も確かめた。カラスの縄張りや複数羽がいる場所などに回転翼機を飛行させると、近づくようなこともあったが、基本的にはほぼ反応しなかった。あまり気にしていない様子である。ちなみに、回転翼機への反応には種差があるようだ。オーストラリアのミナミワタリガラスが回転翼機へアタックしたというニュースもあった。ただ、これも回転翼機をカラスと認識してアタックしたわけではないだろう。ミナミワタリガラスが単に近づくものすべてにアタックしているだけかもしれない。ミナミワタリガラスは日本のカラスに比べ、かなり攻撃的な種のようで、子育てシーズンだと近づくヒトをのべつ幕なしに威嚇することもあるほどだ。いずれにしても、カラスに対し、回転翼機をカラスと思わせることは難しそうだ。

ひと口にドローンと言ってもいくつかのタイプがある。回転翼機以外にも固定翼機という、鳥の形に近いタイプもある。飛び方もトビの滑空のようである。また、羽ばたき型のドローンもある。これはかなり鳥の飛び方に近く、遠目に見ると、本当の鳥のようである。本来であれば、カラスの羽ばたきを再現したものが理想だが、羽ばたき型にスピーカーを搭載して安定飛行させるのは非常に難しいそうだ。まずは、固定翼機にスピーカーを搭載し、カラスの鳴き声を発するドローンを使って、カラスの反応を見た（図4－20）。カラスが集まる神奈川県の某所で実験を行なった。カラスたちが止まる樹木の上空をカーカー鳴きながら飛行させると、ドローンのあとを多数のカラスが追いかけてきた。回転翼機と比べると、反応には雲泥の差があった。その際の動画はこちら（QRコード㉙）。しかし、これを繰り返すと、二度目には半数に、三度目には申し訳程度に二～三羽が追いかけてくるような反応であった。カラスからしてみると、最初はなんだなんだと興味深い存在だったようだが、何度も興味を引くような対象ではなかったようだ。これでは誘導に使うのは難しい。別の場所でも実験を行なったが、同じような反応であった。

図 4-20　スピーカーを搭載した固定翼機

㉙

見た目がカラスとは程遠いからかもしれない。そこで、見た目の精巧さを追求するため、末田氏が剥製の翼を使ったドローンを作成している（口絵⑫）。シンガポールのイエガラスの場合、剥製翼のドローンに対し、強く反応して

図 4-21　羽根を装着した回転翼機

いるとのことで、こちらも今後に乞うご期待である。

　さて、この剥製翼の固定翼機だが、安定飛行が難しい。そもそも固定翼機を安定飛行させるには高度な操縦技術が必要なのだ。翼が剥製翼なら、なおさらだろう。そこで現在は、安定飛行させやすい回転翼機にカラスの翼を装着し、カラスの反応を確かめることに挑戦している。まずは、図4－21のように羽根を数枚取り付けた治具を装着した回転翼機をカラスの群れに飛ばした。すると、明らかに回転翼機を意識するように複数羽の接近が見られた（QRコード㉚）。さらに現在、回転翼機にカラスの翼を装着したものを開発した。こちらの動画（QRコード㉛）のようにかなり風に煽られるようだが、安定飛行させるべく、共同研究先の東北大の学生が意欲的に取り組んでくれている。しかし、カラスの反応を確かめる試験を数回行なったが、これらの回転翼機へのカラスの反応は得られないこともあり、カラスに似せた回転翼機を用いたカラスの群れの誘導は厳しいかもしれない。やはり飛び方などの振る舞いが重要なのだろう。

コラム4

カラスのトリビア

■じつはわかっていない、カラスのオスメスの見分け方

じつは、私たちヒトは、カラスの性別を外観から判断できない。オスのほうが青や紫の色味が多く、メスは茶の色味が多いような印象があるが、必ずしもそうではない。しかし、カラス同士はなんらかの方法で、相互に性別を認識しているはずだ。行動やフェロモンなども考えられるが、やはり見た目でわかったほうが単純明快だろう。本当に見た目に明確な違いはないのだろうか。

カラスは、ヒトより色を認識する視物質の種類が多く、紫外線も認識でき、私たちとは異なる色の世界を見ている。よって、私たちには雌雄の外観の違いは認識できないが、カラス同士では雌雄がまったく異なる外観に見えている可能性はある。オスの胸元は青く光り輝いている、なんてこともあるかもしれない。

■地震予知

カラスは地震予知をしているのでは、という質問をいただくことがある。もしカラスの挙動で地震の前兆を知ることができるのであればとても有益だが、残念ながら、地震予知をしている決定的な証拠はない。

東日本大地震の前にカラスを見なくなった、などの話を聞くこともあるが、おそらく気のせいか偶然だろう。大地震が起こったのは三月一一日だが、その時期は、繁殖個体は自分たちの縄張りを持ち、集団ねぐらのカラスの数も減り、ねぐらの場所が変わる時期でもある。昨日まで一〇〇羽以上のカラスがいたねぐらに、今日は数羽しかいない、なんてことはよくある。

それから、地震の前にやたらカラスがうるさかったという話もある。そもそもカラスはちょっとしたことで騒ぐ動物だ。たまたま地震の前に騒いでいて、その後地震があったので、妙に印象深く覚えていたということなのでは、と思う。そもそもカラスが本当に地震を予知しているのであれば、その場にとどまって騒ぐのではなく、とっとと別の場所へ移動するのではないだろうか。もちろん、地震直後に騒ぐことはある。実際にそのような映像がSNSなどで話題になったこともある。心地よく寝ているときに、止まっている樹木が大きく揺れれば、それはビックリする。ある意味、それは地震を予知できていなかったということではなかろうか。

■鳥目

カラスは鳥目だから、夜は目が見えないんですよね、という質問をいただく。いや、夜も見えている。私たちと比べてどの程度よく見えるかはわからないが、少なくとも、街灯の光があれば、夜間は問題なく行動できている。

市街地の糞害対策として、電線をねぐらにしているカラスに対し、警戒声による追い払いを行なった際、カラスの行動を夜通し観察したことがある。すると、警戒声により、一部の集団が移動すると、空いたスペースに別の集団が移動してきた。再度の警戒声の再生により、それらが移動したあとも、しばらくするとまた別の集団が移動してきた。よほどこの電線はカラスにとっては居心地がよいのだろう。この椅子取りゲームは夜が明けるまで続いていた。

ちなみに、暗がりに入ってしばらくすると、網膜にある桿体《かんたい》細胞が働き、夜目がきくようになる。昼行性の鳥は、この桿体細胞が少ないため、暗がりでは見えにくくなっていると考えられている。また、ハトはヒトに比べ、暗さに馴れるのが遅いことがわかっている。カラスも同様のことは考えられるが、暗いからといって見えないわけではない。先の市街地での観察から考えても、夜間であっても少なくとも私たちと同じくらいは見えているのではないだろうか。

第5章

カラスとヒトの共存は可能か？

生息場所が重複するがゆえに、カラスとヒトの間にはさまざまな摩擦が生じている。この摩擦を解消するにはどうすればよいのだろうか。いくつか対処法が考えられるが、それらは現実的なのか、本章で取り上げたい。そのうえで、カラスとヒトの共存が可能かどうか、共存のためにはどのような取り組みが必要かをさまざまな視点から考えてみよう。

一　根本的なカラス対策とは？

カラスを追い払うなどの対策は、一定の効果は期待できるものの、その場しのぎの対症療法的な手段であり、根本解決にはならない。では、根本的な対策とは何か？　それは個体数コントロールであろう。要は適切な個体数になるよう、数を減らす、という話だ。カラスの適切な個体数がどの程度かを語るのは困難であるが、少なくともヒトがいなければカラスの個体数はここまで増えていないだろう。ヒトがカラスを増やし、結果、カラスの被害が多数発生しているのは事実である。どうしてもカラスによるさまざまな被害を減らしたいのであれば、身勝手な話ではあるが、個体数コントロールは必要と言える。ヒトの勝手でカラスの生命を云々の話はひとまず横に置き、そもそもカラスの個体数コントロールは可能なのか考えていこう。

捕獲は個体数コントロールに有効か？

野生鳥獣による被害を減らすための対策として、真っ先に行なわれているのが捕獲である。果たして、捕獲はカラス対策に有効なのだろうか？　カラスの捕獲は全国各地で行なわれ、二〇一八年度の環境省鳥獣関係統計によると、一〇万羽以上が捕獲されている。ものすごい数であり、これを続けていけば、カラスは徐々に減り、個体数はコントロールされて、被害も減りそうだが、実際はどうだろうか？　じつは、捕獲を行なっている地域のほとんどで、被害は減っていない。それはなぜなのか。

理由はふたつある。ひとつは、個体数をコントロールするためには、捕獲数が圧倒的に少ない。いやいや、先のデータを見ればものすごい数を捕獲しているじゃないか、と反論があるかもしれない。しかし、これでは全然カラスは減らない。もちろん捕獲したぶんは減るが、ほとんどの場合は一年で元どおりになると思われる。というのは、カラスの繁殖力を考えれば理解できる。カラスは一年に三〜五個の卵を産む（コラム3参照）。無事に孵化しない、捕食される、きょうだい間の争いで餓死する、交通事故に遭うなど、さまざまな苦難を乗り越え、親元を無事に離れて自立できるのは、二・五羽程度と言われている。一組のペアから二・五羽のカラスが毎年誕生するわけだが、繁殖しないカラスも加味すると、夏の時点でカラスは二倍近くに増えていると考えられる。つまり、春など、ヒナが生まれていない時点の数と同等の数を、夏以降に捕獲して、ようやくトントンの数になるわけだ。便宜上、数字を当てはめてみると、ある地域に、春先に一万羽のカラスがいたならば、夏の時点で二万羽に増えるわけだが、ここから翌春までに一万一〇〇〇羽を捕まえて、ようやく一〇〇〇羽減る計算である。要するに、夏の時点で既存のカラスの五割以上を捕まえないと数は減らないのだ。そんな数のカラスを捕まえることなど現実的でない。

しかし、この計算は少しどんぶり勘定な部分がある。まず、私の感覚的には、一組のペアから自立する子どもの二・五羽が多いような気もする。また、この計算では繁殖する個体に比べ繁殖しない個体の割合が極端に少ないことを想定している。その理由は、経験の少ない個体のほとんどは、食べ物の少ない冬を乗り越えられないと考えられているからだ。また、二歳未満の個体は繁殖不可能であり、繁殖するためには厳しい冬を少なくとも二回以上は乗り越える必要がある。したがって、春の時点では、非繁殖個体は繁殖個体に比べ、極端に少ないと考えてよいだろう。だが仮に、自立する子どもを一・五羽、繁殖しない個体の割合を全体の五〇パーセントと、やや少なめの割合での増加率になるよう考えてみよう。その場合、さきほどの地域には、春先にいた一万羽のうち、繁殖個体は五〇〇〇羽であるため、繁殖個体からは三七五〇羽のカラスが新たに誕生し、非繁殖個体の五〇〇〇羽を加えると、一万三七五〇羽となる。かなり少ない想定だが、これでも毎年一・三倍以上に増えている。この場合においても、一万羽のカラスが生息する地域において、毎年三七五〇羽捕まえてようやく横ばいだ。

捕獲による個体数コントロールが難しいもうひとつの理由として、捕獲される個体が幼鳥や弱った個体がほとんどであると想定される点だ。カラスの捕獲は、箱罠と呼ばれるトラップにて行なわれる（図5−1）。トラップといっても、ちょっとした小屋のサイズだ。天井部が空いていてカラスは中に入ることができるが、針金がぶら下がっており、出ようとすると翼が当たり、出られない構造になっている。箱罠の中には、誘因のための餌を入れる。また、囮《おとり》のカラスを入れることで、警戒心を和らげる。しかしながら、捕獲された個体を見ると、多くが警戒心の薄い幼鳥である。おとなのカラスが入ることがあるが、それらの個体の多くは羽根もボロボロで、体も小さい。おそらく食うに困って止むを得ず入ったのだろう。この箱罠はカラスにとってはよほど怪しく見えるのだろうが、まともなカラスはまず入らないのかもしれない。つまり、毎年カラスが増える要因となる元気な繁殖個体を多数捕獲することは難しい。

図5−1　箱罠

実際の捕獲の例をいくつか紹介しよう。

島根県東部農林振興センターの増田美咲氏らの報告に

よると、島根県出雲市のある牧場では、二〇一三年から二〇一九年の間、一年に六〇〇～一五〇〇羽を捕獲し、その結果、畜舎での飼料の盗食や家畜への咬傷《こうしょう》の被害が減少したそうである。報告によると、捕獲されたカラスのうち、成鳥の割合が五〇～九三パーセントという。北海道立総合研究機構の玉田克巳氏による池田町での捕獲個体の成鳥の割合は三〇パーセント程度にとどまることから、出雲市で捕獲された成鳥の割合は異常に高い。箱罠は年中稼働させることが多いが、被害の発生が多い時期に限って罠を稼働させることや、稼働中は毎日水を取り替えるなどまめに管理をしていること、また、嗜好《しこう》性の高いシカやイノシシの肉片などを餌として使用していたことなどが要因かもしれない。さらに、畜舎ではロケット花火やレーザーポインターによる追い払いを継続的に実施した。この事例から、捕獲方法の工夫に加え、継続的な追い払いによって、捕獲が被害軽減に有効なことがあると言える。しかしながら、これは特定の牧場での効果だが、周辺の牧場などへの飛来数の軽減にも効果があったのかまでは報告されておらず、捕獲が地域全体への被害軽減効果を生み出したかは不明である。

北海道の池田町では、五年間で一万七六〇〇羽を捕獲したところ、約一万羽の規模のねぐらが消失したとの報告がある。この結果から、もともと生息していた数の倍近くの数を捕獲してようやく効果が表れることがわかる。これは三〇年以上前の報告だが、池田町では現在も捕獲を続けているものの、農作物への大規模な食害は現在も発生しており、被害軽減には結びついていないと考えられる。

北海道の札幌市では、ゴミ処分場において毎年六〇〇〇羽近くを捕獲していたにも関わらず、北海道庁前に大きなねぐらができてしまったなど、捕獲の効果が表れていない例もある。同様に神奈川県や長野県の某市においても、複数年にわたって毎年三〇〇羽以上の捕獲を行なっているにも関わらず、周辺の畜産施設へのカラスの飛来が軽減しないという例もある。

有害鳥獣捕獲の方法として、箱罠以外に猟銃による駆除がある。銃であれば、繁殖個体も関係なく駆除できそうであるが、実際のところ撃たれる個体も幼鳥などの非繁殖個体が多いようだ。経験豊富な繁殖個体は、さまざまな変化に敏感で、なんらかの予兆を感じ取り（予知能力があるという意味ではなく、通常と違うことを感じていつも以上に警戒する）、できるだけ離れるなどしているのかもしれない。また、ハンターによると、カラスを撃つのは難しいらしい。猟銃による駆除は数日かけて行なうことが多いが、二日目以降になると、ハンターの姿や自動車を見ただけで、射程圏外へと離れていってしまうそうだ。銃による駆除の難しさとして最大の点は、銃を撃てる場所が限られていることだろう。市街地で撃つことはできないため、駆除は郊外で行なわれる。その結果、市街地にカラスが集まってしまい、糞害が発生した例もある。猟銃による駆除で個体数コントロールができるほどの数を駆除することは現実的ではなさそうだ。

冬の餌を管理することでの個体数コントロール

では、カラスの個体数コントロールは不可能なのだろうか？　いや、方法はあるとわれわれは考えている。それは、カラスの年間の個体数の変動にヒントがある。前項にて、カラスは春に卵を産み、夏の時点で二倍に増えると書いた。では、カラスは毎年倍々に増加していくのだろうか？　そうであれば、いたるところにカラスが溢れているはずである。実際のところそうはなっていない。場所によってはものすごく増えたと感じることもあるだろうが、それはヒトの目につく場所にねぐらを移したなどのケースで、局所的に密度が高くなったに過ぎないだろう。もちろん、暖冬かどうかなどの天候などの違いにより、年ごとに個体数の差はあると思われるが、全体としての数は大きく変わらないはずだ。となると、春から夏にかけて倍になった個体数はなんらかの理由により、翌春には元と同程度の個体数に戻っているはずである。どこかでカラスの数が激減するタイミングがあるのだ。それは、カラスにとっての食べ物が極端に減る冬と考えるのが妥当である。つまり、カラスは冬に多数が餓死しているのだ。実際、毎年冬に多数の死亡したカラスが発見されてニュースになることがある。その際は鳥インフルエンザが疑われるが、検査結果は陰性であることが多く、胃を開くと空っぽであり、死因は餓死と推定されることが多い。このように、多数の死体が発見されてニュースになるのは、氷山の一角だろう。人目につきにくいねぐらなどの場所で多数死んでいる例はかなり多いはずだ。野生動物にとって、冬はやはり過酷であり、カラスにとっても例外ではないのだ。

そして、冬のカラスは、ヒトの生活に由来する食べ物に依存している可能性が高い。実際、弘前大学の熊倉優太氏らが行なったカラスの採餌場所の調査では、放棄・廃棄農作物を食べている割合が冬に大きく増えていた。自生する植物の実や昆虫など、冬は手に入りにくいうえ、ヒトの生活に由来する食べ物の栄養価は高いため、それらに依存することは頷ける。

そこで、ヒトの生活に由来する食べ物をカラスに食べさせないように管理すれば、餓死個体は増え、個体数コントロールにつながると考えられる。管理とは、ゴミ集積所のネットをしっかりかける、庭の果樹や耕作放棄地などの収穫しない果実を摘果する、畑に放置した農作物の残渣を埋める、畜舎での侵入防止策を強化するなどである。植物の実や昆虫が食べ放題の夏にこれらの管理を行なってもあまり効果は期待できないが、野生の食べ物が極端に減る冬に実施することで、冬を越せずに餓死する個体は確実に増えるだろう。

無自覚な餌付けストップキャンペーン

われわれはこの冬の餌の管理を、「無自覚な餌付けストップキャンペーン」と題した住民参加型の取り組みとして自治体に提案している（図5－2）。ゴミや収穫しない果実、農作物残渣などは、いわば無自覚な餌付けである。冬の無自覚な餌付けを減らすことがカラスの個体数コントロールにつながり、翌年のカラス被害を軽減することに結びつくことを伝え、多くの方へ参加を呼びかけている。ちなみに、このキャンペーンの期間は一週間としている。もちろん、

果実や野菜の残渣・生ゴミがカラスの餌に
追い払うのは対症療法で根本解決にならない
商品にしない果実も摘果する
餌になりそうな果実や野菜は土に埋めてカラスに発見させない
冬に餌資源を減らすことがカラスの個体数削減につながる
ゴミにネットをかぶせる

図 5-2　無自覚な餌付けストップキャンペーン

長期間実施できればより効果を発揮するだろうが、カラスの餌となりうるものの管理を長期間続けることは大変だ。このキャンペーンでは多くの住民が参加することで効果を発揮するが、住民の負担が大きければ、協力者は減り、効果も発揮しない。一週間と設定した理由には、カラスの燃費の悪さが関わる。じつはカラスは代謝が非常に高い。脂肪の蓄えがないアスリート体型の個体がほとんどである。過去に、実験の都合上、カラスを一日絶食させたことがあったが、一日で胸筋がおどろくほど痩《や》せていた。おそらく数日食べないだけで餓死すると考えられる。また、トリの体温は四〇度以上とヒトよりも高いが、その体温を維持するために、冬の消費カロリーはより高いと思われる。この代謝の高さゆえに、冬に餓死してしまう個体が多いのだろう。したがって、ヒトの生活に由来する食べ物を一週間管理することで、餓死するカラスが増えることは想像に難くない。

本キャンペーンを提案すると、A市の餌がなくなれば隣のB市に移動するだけじゃないの？とのご意見をいただく。おっしゃるとおりである。では、意味がないのでは、と思うかもしれない。いや、A市での取り組みは無意味ではない。というのは、結局B市に移動したとしても、B市の餌の量は決まっているため、そこで生きられる個体数は決まっている。A市から移動した個体か、もともとB市にいた個体か、B市の全体数は増えるため、B市で淘汰される個体が増え、B市の餌の量に応じた個体のみが冬を越すことができる。A市とB市全体で考えれば、A市で減らした食べ物のぶん、個体は減ると考えられる。かなり単純化しているが、これらの考え方を図5－3に示した。いわずもがなであるが、カラスに市境の概念はなく行動するため、実際はこのように単純な話ではないことを付け加えておこう。

このように、ある環境において、そこに継続的に存在できる生物の最大量を環境収容力という。カラスにおいて、環境収容力を決めているのは、冬の食べ物の量だろう。しかも、ヒトの生活に由来する食べ物が大きく影響しているはずだ。冬の食べ物を減らすことが、環境収容力を減らすことにつながり、結果として、その地域の被害軽減につながるのである。

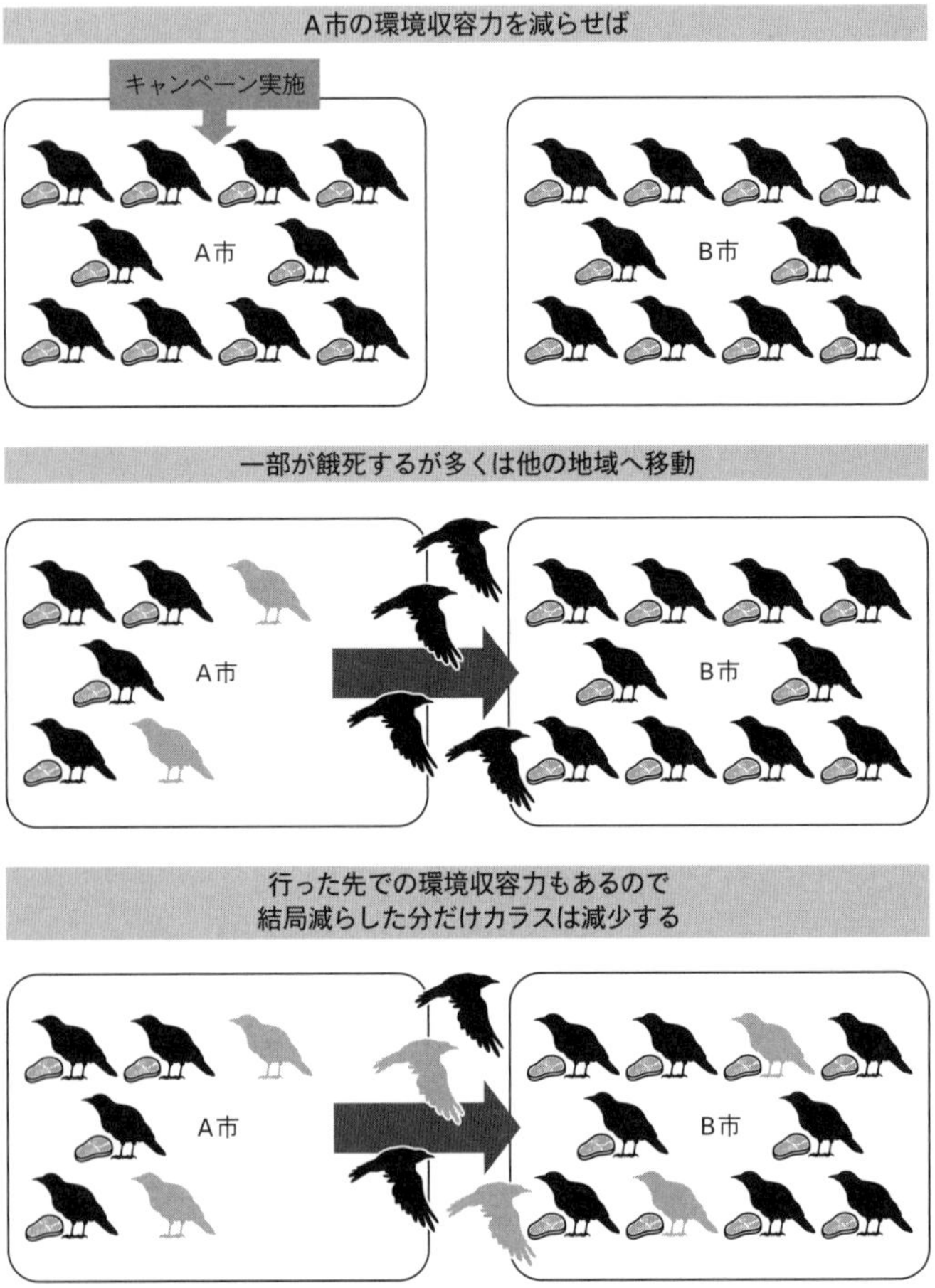
A市の環境収容力を減らせば
キャンペーン実施
A市
B市
一部が餓死するが多くは他の地域へ移動
A市
B市
行った先での環境収容力もあるので
結局減らした分だけカラスは減少する
A市
B市

図 5-3　A市の餌の量の減少に伴うB市への移動と淘汰されるカラス

ここでカラスの行動範囲に注目してみよう。杉田教授らは、カラスにGPSを装着し、行動を追跡した。その結果、一日に四〜五キロメートルの範囲で餌場を行き来する個体がほとんどであった。なかには、一日で飯田市から中央アルプスを越え、二〇キロメートル先の木曽まで移動していた個体もいた。それだけの長距離を移動した理由は不明だが、いつもの餌場で食べ物が得られなければ、かつての馴染みの餌場を頼ってなのか、そのくらいは平気で移動してしまうということだ。もちろん移動には相当なカロリーを消費することが考えられ、移動先ですぐに食べ物を確保できなければ、それは餓死に直結するだろう。そういう意味では、広域で一度にキャンペーンを実施することがかなりの効果を発揮すると考えられる。また、この研究からは、二カ月のうちに一〇〇キロメートルを超えた移動をするカラスもいることがわかった。それだけの広範囲の移動を考えると、市町村レベルではなく、都道府県レベルで取り組むべき課題だろう。ぜひ各都道府県の担当者には、市町村の担当者と連携し、本取り組みを実施していただきたい。

実効性のあるキャンペーンにするには?

しかしながら、本キャンペーンは過去にいくつかの自治体で実施した実績はあるものの、なかなか住民の参加を促せていない。私たちの説明や広報の仕方に問題はあるだろう。しかし、それ以外にも、難しい点がある。

ひとつは、当事者意識の問題だ。ある地域では、リンゴ農家がカラスの被害に遭っている。リンゴ農家はカラス被害を減らそうと、規格外のリンゴや落ちてしまったリンゴなどの残渣をきちんと埋めていた。しかし、近隣のカキ農家では、取りきれないカキをそのまま放置していた。もちろん悪気があって摘果しないわけではない。そもそも、いっぱいつくって必要な量のみ収穫するという方針なのだ。要するに、カキ農家は野生動物に育てた作物を食べられてしまうことに困っていない。むしろ、自然の恵みを自然に返す意味で、食うに困った動物のためにカキを残しておこうという考え方もあるくらいだ。そこで、あるカキ農家に、リンゴ農家がカラスに困っていて、冬の食べ物を減らそうと処分しているという話をすると、それは知らなかった、そうであればわれわれも協力したい、と言ってくれた。カキ農家からすれば、収穫しない果実の処分は余計な労働となるし、益はないため、実際に協力を得られるかどうかは難しいところもあるだろう。しかし、自身が残したカキがカラスを生き長らえさせる手助けをし、間接的にリンゴ農家のカラス被害に関わっている可能性がある、つまり地域のカラス問題の当事者の一人であることを理解してもらえれば、ゆくゆくは協力が得られ、地域全体で取り組む課題につながるかもしれない。

キャンペーンへの住民参加を促せていない原因には、成果が見えにくいという問題もある。たとえカラス被害が減ったとしても、それがキャンペーンの成果であるか証明することはかなり難しい。前の冬の積雪が多い影響で普段は落穂などにありつけなかったのかもしれないし、タチの悪い鳥インフルエンザがカラスの間で大流行していたなんてこともあるかもしれない。野山の木の実が豊作でわざわざリスクを冒してまでヒトの農作物に手を出す必要がなく、食害が少なかったなんてこともあるだろう。要するに、カラスの被害が減った要因を特定することは非常に難しい。少なくとも数年かけて検証する必要があるだろう。

ここで東京都の例を紹介しよう。東京都は二〇〇一年より、カラス対策にかなり力を入れた。その結果、NPO法人自然観察大学学長の唐沢孝一氏によると、都市鳥研究会が行なった三カ所のねぐら（自然教育園、明治神宮、豊島ヶ岡墓地）のカラスの羽数の調査では、羽数がピークとなる二〇〇〇年には一万八六五八羽だったのが、二〇二一年には二七八五羽まで激減したという。これにはゴミの夜間収集など、ヒトの生活に由来する食べ物の管理を徹底したことが功を奏していると考えられる。同様の対策をほかの都市でもやっているが、同じような成果を出しているという話は聞かない。これには、東京の都市部の特殊な環境が関係していると思われる。環境収容力に関わる冬の食べ物の多くがゴミという事情だ。一方、地方都市では少し離れれば田園が広がり、農作物残渣や耕作放棄地の果実、落穂などで飢えをしのぐこともできるだろう。つまり、地方都市のカラスは、ゴミ以外の選択肢があるため、ゴミの対策のみではなかなか効果が見えにくいのではないだろうか。ただ、東京都は二〇年をかけ、カラスの数は確実に減った。これは無自覚な餌付けを減らすことが有効といえる材料のひとつではなかろうか。

東京都での例などをうまく取り入れ、第3章で紹介したナッジの手法などを用いて、人間側の行動変容を促すことで、本キャンペーンを実効性のあるものとしていきたい。

二　カラスとヒトの関係の再構築

カラスとヒトが共存するための障壁のひとつに、ヒトがカラスに抱くイメージの悪さが挙げられるだろう。害鳥として被害を受けていることでの悪い印象に加え、生ゴミを漁る、道路に糞をするなどでの不潔なイメージがカラスにはあるかもしれない。さらには、死を連想させて不吉などのネガティブなイメージをカラスに対して抱く人も少なくないはずだ。これは、スカベンジャーとして動物の死体を食べることでついたイメージだろう。しかし、これらのネガティブなイメージはカラスを一側面から見た結果だ。別の角度から見れば、その賢さや愛情深い子育てなどから、カラスに対しポジティブなイメージを持つかもしれない。一足飛びには難しいだろうが、カラスに対するイメージが変化することで、もしかしたら、共存に向け、カラスとヒトの関係を再構築できるかもしれない。本節では、カラスとヒトの関わりについて、いくつか事例を挙げて考えたい。

カラスとヒトの関わり

さて、カラスとヒトとの軋轢が話題になるようになったのは、ここ数十年の話ではないだろうか。先人たちはうまくカラスと共存していたのかもしれない。少なくともカラスに対して抱くイメージは現代人よりもポジティブだったに違いない。その証拠に、モチーフや神事、神話などさまざまな場面において、ポジティブなイメージとしてカラスが登場する。

東京都府中市にある大國魂《おおくにたま》神社では、毎年七月二〇日に「すもも祭」というお祭りが開催されるが、その際、カラス団扇やカラス扇子が頒布される（図5－4）。これらで煽ぐと害虫が駆除され病気は平癒する、という深い信仰があるからだそうだ。

図 5-4　大國魂神社のカラス団扇とカラス扇子

厳島神社の神事「御島廻《おしままわり》」では、「御鳥喰《おとぐい》式」と呼ばれる儀式がある。海上の筏《いかだ》に供えた米粉を海水で練って団子にし、それをカラスが咥《くわ》えて近くのカラスを祀《まつ》る神社のほうへ飛び立つと、儀式に参加した人に幸運が訪れるそうだ。これは、厳島神社の祭神が鎮座の場所を探して浦々を巡幸したことにちなむ行事で、先導の役を果たしたのがカラスだそうだ。

日本サッカー協会のシンボルマークには三本足のヤタガラスが使われている。これは、一九三一年から使用されているそうだ。当時の日本サッカーの普及に貢献した人物が和歌山県の那智勝浦町の出身であったことから、ゆかりの地の熊野那智大社に祀られているヤタガラスを採用したのではないかと考えられている。日本書紀、古事記では、神武天皇が宮崎から奈良へ攻め入る際に、山深い熊野の地の道案内をしたのがヤタガラスとされる。その功績から、熊野本宮大社にはヤタガラスの像があるなど、導きの神として篤い信仰があるようだ。ちなみに、熊野神社は全国に五〇〇〇社あるとも言われ、本家同様、ヤタガラスが祀られていることが多いようだ。長野県と群馬県の県境にある熊野皇大《こうたい》神社でもヤタガラスが祀られており、ヤマトタケルノミコトによるこの地域の平定の際もヤタガラスが道案内をしたそうだ。

二〇年に一度、社殿を新調する伊勢神宮最大の神事である式年遷宮にもカラスは関わる。このとき、社殿に加え、神宝も新調する。その神宝のなかには、カラスの羽根を使った三〇〇〇本以上の矢羽や五〇柄以上の太刀の柄飾りが含まれる。そう、神宝の素材に採用されるほど、カラスは尊い存在だったのだ。先に紹介したとおり、カラスは日本書紀、古事記に登場し天皇家とも関わりが深いことも理由のひとつかもしれない。また、基調を黒色としたカラスの羽根の上に現れる構造色が織りなす青色や紫色の輝きは気品を感じさせ、工芸品として高い価値を生み出しているのだろう。

このほか、国内のさまざまな事例に加え、ロンドン塔のワタリガラスなどの海外の事例など、杉田教授の著書『カラス学のすすめ』にて多数紹介されているので、興味のある方はぜひご参照いただきたい。

カラスに対するイメージを変えることで、ヒト側の許容の範囲を広げる

いずれにしても、以上の事例を見る限り、先人とカラスの関係性はきっと今より良好だったに違いない。近年は、品種改良により農作物の収量が増える、ヒトの生活の変容により生ゴミが増える、といった変化に伴いカラスの食べ物が増え、カラスの絶対数が増えたことは間違いない。それにより、カラスによる被害が顕在化し、ヒトとの軋轢が深刻化してしまったのだ。だからと言って、昔のような生活に戻すことは難しい。また、前述したキャンペーンなどの施策を実施できたとしても、カラスの絶対数を極端に減らすには長い年月を要するだろうし、一筋縄にはいかないだろう。

ではどうすればよいのだろうか。私は、ヒトがある程度寛容になることも必要と思う。白旗を上げてしまったような考え方ではあるが、これも重要な視点だ。ここで、ある例を紹介したい。

コロナ禍がまだ対岸の火事のようだった二〇二〇年二月、とある番組の撮影で私はアメリカ・ニューヨーク州のオーバーン市を訪れた。この地には冬にアメリカガラスの大群が押し寄せる。第4章にて紹介したとおり、半端ない数が飛来する。となると、糞も半端ない。私がこれまで見たどの場所よりも酷い。住民はさぞかし困っているに違いないと思った。市ではカラス対策に携わる部署もあり、話を聞いてみると、苦情はやはりあり、エアガンの空砲で追い払うこともやっていた。ただ、日本の自治体担当者のような悲壮感は感じられない。どうやら苦

図 5-5　Crow City Roastersの前で写真撮影をする著者

情件数も少ないようだ。そこで、住民にインタビューしてみると、カラスに対しポジティブな印象を抱く人がかなり多いことにビックリした。そしてなんと、この大量に飛来するカラスを観光資源と考え、Crow Cityと呼んでいるのだ。図5-5はCrow City Roastersというコーヒーショップである。店名にカラスをつけ、ロゴもカラスだ。もちろんカラスの成分を抽出したコーヒーを扱っているわけではない。

夜に街を歩くと、日中は葉のないはずの街路樹に、黒い葉がビッシリとついている。近づくと、白い実らしきものがボトボト落ちる。その一帯でゲリラ豪雨が起こったのかと勘違いするほどだ。私もシッカリ糞の雨をいただいた。こんな状況なのに、住民はなぜ困っていないのだろうか。住民はこう語る「自然なことだから仕方ないよ」と。そして、「カラスはとても家族思いで尊敬できる存在だ」と。カラスに抱く感情が、日本人とは大きく異なる印象を受けた。

このような違いを生む要因として文化の違いなどはもちろんあるだろうが、アメリカガラスの生態も関係していると思われる。この番組で対談したコーネル大学鳥類学研究所のケヴィン・J・マクゴワン教授によると、アメリカガラスの子どもは、ヘルパーとして翌年以降も自分の親の子育て、つまり歳の異なるきょうだいの子育てに参加するという。これは日本の留鳥であるハシブトガラスやハシボソガラスには見られない習性だ。ハシブトガラスやハシボソガラスは、親元にいても数カ月である。その後は完全に独立する。このヘルパー制度は家族の絆を強く感じさせる。オーバーンの住民は、おそらくその習性を知っていて、カラスに対して負の感情よりも敬愛の念を抱くのかもしれない。

私は帰国後、カラスとうまくつき合ううえでのヒントが、オーバーンにあるのではと思った。私たち研究者がカラスの生態を調べ、正しく発信することで、ヒト側の許容範囲が広がるのかもしれない。結果として、被害を受けるヒトの精神的な安定にもつながり、現象は同じでも、ある意味で被害は軽減するのではないだろうか。気休めのような話であり、被害に悩んでいる方からは、簡単に言うなとお叱りを受けるかもしれない。だが、一挙手一投足が憎らしかった人物の意外な一面を見たときに、その後は意外と気にならなくなった経験はないだろうか。そんなキッカケをつくれるよう、私も努力していくことを誓い、筆を置きたいと思う。

コラム5

コロナ禍とカラス

コロナ禍は、われわれヒトの生活を大きく変えたが、カラスに対してはどのような影響を与えたのだろうか？　新型コロナウイルス感染症が猛威をふるっていた二〇二〇年ごろ、感染拡大を防止するため、日本各地で行動自粛が呼び掛けられた。その結果、街からヒトが消えた。それに伴い、それまで早朝に姿を現すネズミが日中に街をうろつくようになったという。同じく都市の野生動物であるカラスについても、普段は目にしないような場所に堂々と止まっているといった様子が見られた。人馴れしている都市部のカラスといえど、やはり野生動物である。ヒトがいるとそれなりに遠慮していたということだろう。

営業自粛により繁華街のゴミは減った。逆にステイホームにより住宅街のゴミは増えた。これによりカラスの餌場が変わったということは大いに考えられる。繁華街の食べ物が減れば、当然別の餌場へとカラスは移動するはずだ。実際に住宅街でのゴミ荒らしの相談は増えたし、住宅街にカラスを見る機会が増えた、カラスの鳴き声を頻繁に聞くという話も多く聞いた。だが、これは、普段家を留守にしている人がステイホームで家にいたことで、住宅街にてカラスを目にする機会が増えたという要因もあるだろう。ゴミ荒らしについては、ステイホームにより家を片づける時間ができて、生ゴミ以外のゴミも増えたことにより、ネットでゴミを覆えなくなり、はみ出たゴミをカラスが突くようになったということも考えられる。結果として、カラスにとっては簡単に食べ物にありつける餌場と認定され、ますますゴミが荒らされるようになった可能性が高い。

また、繁華街を縄張りとしていたカラスたちの繁殖に影響を与えた可能性はあるだろう。これまでは縄張り内であり余る量の食べ物を確保できていたが、それが不可能になったわけだ。十分に成長できず、巣立ちを迎えることができなかったヒナも少なくないはずだ。

図5-6　吐瀉物を突くカラス

ヒトの動きの変化でカラスの動きが大きく変わったことは間違いないはずだ。いかにヒトに密接した動物であるかがよくわかる。新型コロナウイルス感染症が五類感染症に移行した二〇二三年、ある都市の駅前の早朝にて、何かを突くカラスを発見。数時間前につくられたとおぼしき吐瀉《としゃ》物を、往来するヒトを気にしつつ、ヒット・アンド・アウェイで持ち去るカラスを見かけた（図5－6）。カラスにとってのコロナ禍も落ち着いたのだなあと、しみじみ感じた一幕であった。

参考文献

第1章

藤井啓ら「北海道の牛飼養農場及び周辺に生息する野生動物のサルモネラ保菌状況」『日本獣医師会雑誌』65, 118-121（2012）

村上洋介「口蹄疫ウイルスと口蹄疫の病性について」『山口獣医学雑誌』24, 1-26（1997）

農林水産省 編『平成22年度 食料・農業・農村白書』114-119（2010）

田原鈴子ら「２００９～２０１４年に岡山県で流行した牛ボツリヌス症の解析と対策」『日本獣医師会雑誌』68, 629-633（2015）

拡大ＣＳＦ疫学調査チーム「第12回拡大ＣＳＦ疫学調査チーム検討会の結果概要（農林水産省）23-26（2020）

農林水産省「令和４年度鳥インフルエンザに関する情報について」 https://www.maff.go.jp/j/syouan/douei/tori/220929.html#2

環境省「令和４（２０２２）年シーズンの野鳥の鳥インフルエンザ発生状況」 https://www.env.go.jp/content/000136864.pdf

農林水産省「全国の野生鳥獣による農作物被害状況（令和3年度）」
https://www.maff.go.jp/j/seisan/tyozyu/higai/hogai_zyoukyou/attach/pdf/index-16.pdf
Kusayama, T. *et al.* Responses to mirror-image stimulation in jungle crow（*Corvus macrorhynchos*）. *Animal Cognition*, 3, 59-62（2000）
農業・食品産業技術総合研究機構「鳥害痕跡図鑑」
https://www.naro.affrc.go.jp/org/narc/chougai/sign/index_sign.html

第2章

杉田昭栄「鳥類の視覚受容機構」『バイオメカニズム会誌』31, 143-149（2007）
Rahman, M. L. *et al.* Number, distribution and size of retinal ganglion cells in the jungle crow（*Corvus macrorhynchos*）. *Anatomical Science International*, 81, 253-259（2006）
Rahman, M. L. *et al.* Topography of retinal photoreceptor cells in the Jungle Crow（*Corvus macrorhynchos*）with emphasis on the distribution of oil droplets. *Ornithological Science*, 6, 29-38（2007）
塚原直樹ら「ハシブトガラスにおける各種光波長に対する学習成立速度の検討」*Animal Behaviour and Management*, 48, 1-7（2012）
Yokosuka, M. *et al.* Histological Properties of the Nasal Cavity and Olfactory Bulb of the Japanese Jungle Crow *Corvus macrorhynchos*. *Chemical Senses*, 34, 581-593（2009）
中村和雄ら「音声の利用による鳥害防除」『日本音響学会誌』48, 577-585（1992）

Kondo, N. *et al.* Crows cross-modally recognize group members but not non-group members. *Proceeding of the Royal Society B*, 279, 1937–1942（2012）

吉田保志子ら「カラスとスズメに対する磁石の忌避効果は認められない」『日本鳥学会誌』70, 175–181（2021）

Fujioka, M. Alert and flight initiation distances of crows in relation to the culling method, shooting or trapping. *Ornithological Science*, 19, 125–134（2020）

青山真人ら「関東地方におけるハシブトガラス *Corvus macrorhynchos* の生殖腺の季節変動」『日本鳥学会誌』56, 157–162（2007）

吉田保晴「ハシボソガラス *Corvus corone* のなわばり非所有個体の採食地と塒の利用」『山階鳥類研究所研究報告』34, 257–269（2003）

第3章

Bogale, B. A. *et al.* Long-term memory of color stimuli in the jungle crow（*Corvus macrorhynchos*）. *Animal Cognition*, 15, 285–91（2012）

第4章

樋口広芳、黒沢令子 編著『カラスの自然史―系統から遊び行動まで』北海道大学出版会（2010）

髙山耕二ら「畜舎におけるディストレスコールならびにアラームコールを利用したカラス害防除」『日本暖地畜産学会報』60, 95–100（2017）

塚原直樹、杉田昭栄、青山真人「カラス忌避装置」特許第５１３５５０７号

塚原直樹ら「カラスの音声コミュニケーションとそれを応用した被害対策」『日本音響学会　騒音・振動研究会資料』N-2022-07, 1-7（2022）

Kuroda, N. The Jungle Crows of Tokyo. Yamashina Institute for Ornithology, Tokyo, 1990

相馬雅代ら「ハシブトガラス *Corvus macrorhynchos* における集合音声と採餌群れの形成」『日本鳥学会誌』52, 97-106（2003）

Kondo, N. *et al.*, E. A temporal rule in vocal exchange among Large-billed Crows *Corvus macrorhynchos* in Japan, *Ornithological Science*, 9, 83-91（2010）

Kondo, N. *et al.* Perceptual mechanism for vocal individual recognition in jungle crows（*Corvus macrorhynchos*）: contact call signature and discrimination. *Behaviour*, 147, 1051-1072（2010）

塚原直樹ら「ハシボソガラス（*Corvus corone*）とハシブトガラス（*C. macrorhynchos*）における鳴き声の違いと鳴管の形態的差異の関連性」『解剖学雑誌』82, 129-135（2007）

塚原直樹ら「ハシボソガラス *Corvus corone* とハシブトガラス *C. macrorhynchos* の鳴き声と発声器官の相異」『日本鳥学会誌』56, 163-169（2007）

Prescott, N. B. *et al.* Preference and motivation of laying hens to eat under different illuminances and the effect of illuminance on eating behaviour. *British Poultry Science*, 43, 190-195（2002）

岡ノ谷一夫「鳥の感覚と条件付け—追い払い法の動物心理学的基礎」『植物防疫』46, 405-409（1992）

第5章

環境省「平成30年度鳥獣統計情報」
https://www.env.go.jp/nature/choju/docs/docs2/h30/06h30tou.html
増田美咲ら「大型捕獲檻によるカラスの捕獲と追い払いによる被害対策の有効性」『島根県中山間地域研究センター研究報告』16, 21-25（2020）
玉田克巳「北海道池田町におけるハシボソガラスとハシブトガラスの外部計測値とその性差」『日本鳥学会誌』53, 93-97（2004）
熊倉優太ら「GPS発信機を利用したカラス2種の非繁殖個体における食性と利用環境の季節変化の解明」『日本鳥学会大会講演要旨集』（CD-ROM）（2021）
杉田昭栄「科学研究費成果報告書　カラスの感染伝播と飛翔軌跡の解析」（2016）
唐沢孝一『都会の鳥の生態学―カラス、ツバメ、スズメ、水鳥、猛禽の栄枯盛衰』中央公論新社（2023）
杉田昭栄『カラス学のすすめ』緑書房（2018）

あとがき

本書のお話を最初にいただいたのは、二〇一八年の一〇月だったが、そのときは前著の『カラスをだます』（NHK出版新書）を執筆中だったため、書き終えるまで待っていただいた。その後、二〇二〇年の一月より執筆を開始し、ようやく本書を書き終えた。じつに五年半以上、待たせに待たせ、何度も締切の約束をやぶってしまい、編集者の津留貴彰さんには大変ご迷惑をかけてしまった。しかしながら、その間、CrowLabへの依頼も増え、さまざまな現場を実際に見て、試行錯誤しながら対策を実施したことから、カラス対策に関してはかなりの知見が溜まり、そのぶん、有益な情報を本書に掲載できたと思っている。津留さんの広いお心でどうにか出版まで漕ぎ着けられ、とても感謝している。

さて、私がカラス研究を始めたのは二二歳で、二〇二四年五月現在で四四歳であることから、二二年間カラスの研究をしている。おまけにカラスの会社を立ち上げ、カラスに食べさせてもらっている。よく、カラスを愛しているんですね、というようなことを言われるが、そんなことはない。動物は大好きだが、イヌのほうが好きだし、トリで言えば、ウズラが好きだ（昔は「ウズ」と「ズラ」と名づけた二羽のウズラを庭先で飼っていたが、ネコに襲われ、その後ネコがちょっと嫌いな時期があった）。ただ、カラスは面白い。観察していて飽きないのだ。二〇年以上、四六時中観察しているのだから、他人からみれば好きと思われて当然だろうし、まあ結局好きなのだろう。しつこく餌をねだる子に、しょうがないねえと根負けしたように、たまに親が餌を与えている姿は人間っぽいなあと感じるシーンであるが、息子を甘やかす自分を重ねてしまう。だが、研究者としては、擬人化は危険である。データが歪んでしまう恐れがあるからだ。そのため、私はカラスになるべく感情移入しないようにしている。というわけで、カラスを愛しているんですか、と聞かれても、好きでも嫌いでもないです、とつまらない回答をしている。

それにしても、カラスは観察対象として面白いし、しっかり観察することは対策にも役立つ。深刻な被害に悩んでいる方には、それどころではないとお叱りを受けてしまうかもしれないが、じっくりとカラスを観察し、なぜカラスがそのような行動をしてしまうのか、なぜそのような被害が起きてしまうのかを考え、その要因を可能な限り排除するとうまくいくことも多いはずだ。その際に本書が役に立てば本望である。

本書の一部は、ＪＳＰＳ科研費 17K17733、19K06367 や、東北大学電気通信研究所共同プロジェクト研究、およびＩＴ21センター、総合研究大学院大学学融合共同研究、academist などの公的および民間の、さまざまな助成を受けて実施した研究成果を記載した。また、多くの共同研究者や協力者にお力添えいただいた。ご協力いただいたすべての方に、この場を借りて感謝の意を表したい。

塚原　直樹

塚原　直樹（つかはら・なおき）

1979 年、群馬県生まれ。2008 年、東京農工大学大学院連合農学研究科博士課程修了。博士（農学）。総合研究大学院大学を経て、現在、株式会社 CrowLab 代表、宇都宮大学バイオサイエンス教育研究センター特任助教。
著書に『カラスをだます』（NHK 出版）、『本当に美味しいカラス料理の本』（SPP 出版）がある。

DOJIN 選書　098
ヒトとカラスの知恵比《ちえくら》べ
生理《せいり》・生態《せいたい》から考《かんが》えたカラス対策《たいさく》マニュアル

第 1 版　第 1 刷　2024 年 5 月 25 日

検印廃止

著　　者　塚原直樹
発 行 者　曽根良介
発 行 所　株式会社化学同人
600-8074　京都市下京区仏光寺通柳馬場西入ル
編 集 部　TEL：075-352-3711　FAX：075-352-0371
企画販売部　TEL：075-352-3373　FAX：075-351-8301
振替　01010-7-5702
https://www.kagakudojin.co.jp　webmaster@kagakudojin.co.jp
装　　幀　BAUMDORF・木村由久
印刷・製本　創栄図書印刷株式会社

ISBN978-4-7598-2176-5